옛 지도로 보는

포항

옛 지도로 보는

포항

권용호 지음

學古房

포항의 역사를 배우다

어느 강연장에서의 일이다. 포항이 고향이 아닌 강사가 포항의 역사를 언급하면서 이야기를 하는 것이다. 포항에서 40여년을 살아 온 나 자신보다 역사를 잘 알고 있었다. 물론 그 강의 내용과 연결해서 이야기를 하려다 보니, 특정한 역사를 발췌해서 했을 것이다. 포항 시민으로서 포항 역사를 잘 알지 못한다는 것에 부끄러움을 느꼈다. 이를 계기로 포항의 탄생배경과 발전해가는 모습이 궁금하였다. 그러던 중 포항이 고향인 권용호 박사가 이 책을 출간 준비하면서, 정리된 자료로 많은 도움을 받게 되었다.

권용호 박사는 중국 난징대학교에서 《송원남희곡률연구》로 박사학위를 취득하였다. 현재 한동대학교 객원교수로 있으면서, 중국 고전문학의 연구와 번역으로 《중국문학의 탄생》 외 다수의 저서와 《초사》·《한비자》 등의 굵직한 번역서를 낸 바 있다. 특히 포항의 역사와 변천사에 많은 관심을 갖고, 언론사와 학회 등에 많은 글을 기고하고 있다.

이 책은 포항의 탄생 배경과 발전사를 연도별 지도를 통해, 이야기 형태로 알기 쉽게 설명해주고 있다. 조선 후기 1736~1776년에 나온 《여지도輿地圖》에서 처음으로 포항浦項이 표기되었다. 그러나 이 명칭은 지명이 아니라, 포항창浦項倉이라는 식량 창고 이름을 뜻하는 용어라는 것이다. 조선시대 때 흥해와 연일은 큰 마을이었으나 포항은 식량 창고만 세워진 곳으로 사람이 거의 살지 않았던 곳이라고 한다. 1872년 《포항진지도浦項鎭地圖》에서는 촌락이 형성되면서, 사람이 살아가는 마을로 표기되기 시작한다. 1913년 《조선총독부지도》에서 포항지역이 정교하게 그려지고, 이듬해 1914년 3월 1일 포항면으로 승격하면서 제 모습을 찾아가게 된다.

또한 저자는 옛 문헌 속 지도를 통하여 연대별로 포항의 탄생배경과 그 지역별 얽힌 이야기들을 들려주고 있다. '포항' 향호의 유래와 영일만 탄생에 얽힌 전설 그리고 연오랑세오녀의 전설이 서린 일월지, 포항 특산물 과메기의 유래 등을 고증을 통하여 흥미롭게 서술하고 있다.

　《옛 지도로 보는 포항》은 포항의 유래와 발전사에 관심이 있는 시민이나, 학생, 교사, 문화해설사 등 지역민들에게 많은 도움과 함께 교육용 지침서가 될 수 있을 것이다. 끝으로 이 책을 출간하여 포항시민들에게 지역의 탄생배경과 역사를 알게 해준 권용호 박사님께 감사의 마음을 전한다.

스포츠과학연구소장, 체육학박사
박홍기

목차

3 《조선지도朝鮮地圖》(1767~1776)에 보이는 포항

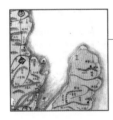

4 《청구도靑邱圖》(1834)에 보이는 포항

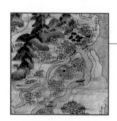

9 《조선총독부지도》(1936)에 보이는 포항

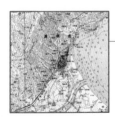

10 1964년 지도에 보이는 포항

11 1975년 지도에 보이는 포항

12 1986년 지도에 보이는 포항

13 2009년 지도에 보이는 포항

일러두기

- 한자어는 될 수 있는 대로 쉬운 우리말로 옮겼으며, 설명이 어려운 한자는 부득이하게 주석 처리하였습니다.
- 서명과 지도명은 모두 《 》로 표시하였습니다.
- 본서에 수록된 지도와 사진 자료는 국토정보플랫폼, 규장각한국학연구원, 포항시사진DB 등에서 참고한 것입니다.

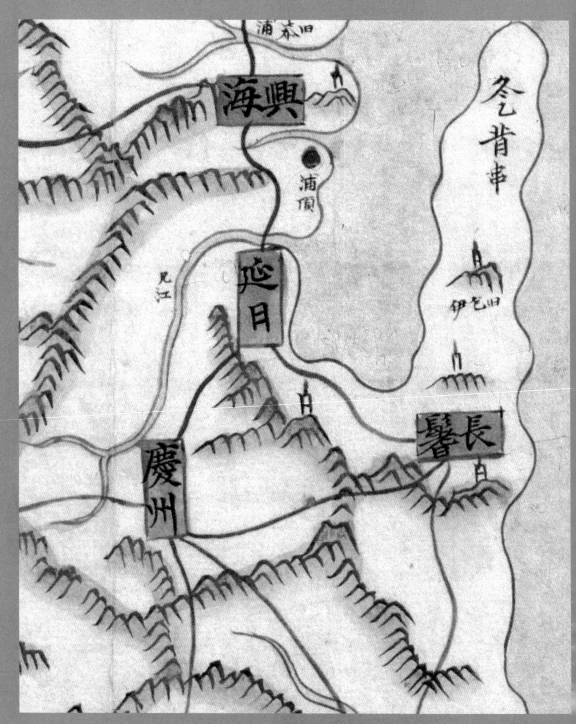

《여지도輿地圖》(1736~1776) 출처: 규장각한국학연구원

1 《여지도興地圖》(1736~1776)에 보이는 포항

'포항' 향호의 등장

조선 후기인 1736~1776년에 나온 《여지도興地圖》의 일부에요. '여지도'
란 지도안에 다양한 정보를 담은 지도를 말해요. 이를테면 도읍·하천·
교통 등의 정보가 포함된 지도를 말하지요. 이 지도는 현재 포항이라는
명칭이 등장하는 가장 이른 지도에요. 오른쪽 상단에 붉은 색의 둥근 점
을 찾아보세요. 그 아래 한자로 포항浦項이라고 쓰여 있어요. 유념해야
할 것은 이곳의 '포항'은 지명이 아니라 1731년에 세워진 '포항창浦項倉'
이라는 식량창고 이름이랍니다. 마을로서의 포항은 좀 더 오랜 시간을
거쳐 형성되지요. 그러니까 우리 포항은 식량창고에서 시작했다는 것을
기억해두세요. 포항 위에 가로로 된 큼직한 네모 안에는 흥해興海라고
되어 있군요. 그 아래 세로로 된 큼직한 네모 안에는 연일延日이라고 되
어있네요. 동쪽에는 장기長鬐가, 서남쪽에는 경주慶州가 보이는군요. 그
러고 보니 지금 우리에게 익숙한 지명들이 조선시대에도 그대로 쓰였네
요. 참 신기하죠? 옛 지명들이 지금까지 바뀌지 않고 그대로 사용되고
있으니 말이죠. 사실 마을 이름은 이미 오래 전부터 만들어져 사람들이
계속 불러왔기 때문에 바뀌지 않았답니다. 자주 바뀌면 불편하겠죠?

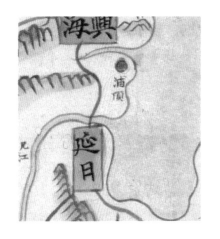

영일만 탄생에 얽힌 전설

동쪽 바닷가 쪽을 한번 볼까요. 경주 쪽에 흘러온 형산강이 연일의 북쪽을 지나서 바닷가로 들어가고 있네요. 이 바닷가가 바로 포항을 상징하는 영일만이에요. '만'은 바다가 육지로 둘러싸인 지역을 말해요. 그러고 보니 흥해 - 연일 - 장기 - 호미곶이 바다를 빙 둘러싸고 있는 모습이네요. 영일만의 탄생과 관련해서 흥미로운 전설이 전해와요.

옛날 왜국에 힘 센 역사力士가 있었어요. 이 역사는 왜국 전역을 돌아다니면서 힘겨루기를 했어요. 왜국의 힘이 세다는 장사들을 모두 굴복시킨 후, 조선으로 왔어요. 전국 방방곡곡을 돌아다니며 힘이 센 자가 있다는 소문만 들으면 달려가 힘을 겨루어 역시 모두 물리쳤어요. 어느 날, 그는 영일의 운제산 대각봉에 다다랐어요. 동해가 활짝 열리고 수평선 너머에 고국 일본이 보일 것만 같았어요. 문득 고향과 부모형제 생각에 젖어있는데 등 뒤에서 인기척이 났어요. 깜짝 놀라 뒤돌아보니 한 역사가 버티고 있었어요. 키는 하늘을 찌를 듯하고 몸은 태산만 했어요. 눈은 혜성 같이 빛나고 팔다리는 동철의 갑주를 둘러놓은 것 같았지요. 이 역사가 뇌성벽력 같은 소리로 말했어요.

"네가 일본에서 건너왔다는 역사인가?"

"그렇다, 너는 누구냐?"

"요사이 이 나라 방방곡곡을 돌아다니면서 힘을 과시하는 왜인이 있다더니 바로 너로구나. 나는 조선의 창해역사이다. 너를 찾아 수십 일을 헤매다가 오늘 여기서 만나게 되었구나."

창해역사와 일본에서 온 역사는 서로 싸움을 했어요. 그러자 어찌나 격렬했는지 운제산이 뿌리째 흔들리는 것 같았어요 바람과 먼지도 천지를 뒤덮었어요. 하늘을 날고 땅을 치며 싸우다가 일본에서 온 역사가 넘어지면서 바닥에 손을 짚었어요. 그런데 그곳이 그만 움푹 꺼지면서 바닷물이 밀려들어와 호수가 되었어요. 이 호수가 영일만이 되었어요. 일본에서 온 역사는 창해역사 앞에 무릎을 꿇고 군신君臣의 예를 올렸어요. 창해역사는 임금이 되고 일본에서 온 역사는 신하가 되었어요.

여기서 재미있는 가설을 하나 해볼까요? 일본에서 온 역사가 넘어질 때 어느 손을 바닥에 짚었을까요? 오른손일까요? 왼손일까요? 네, 정답은 왼손이에요. 왜냐구요? 왼손으로 바닥을 짚어야 지도에 나오는 동해안과 호미곶 모양이 나올 수 있거든요. 오른손으로 짚으면 손등으로 짚어야 하는데 상식적으로 맞지 않는 것이죠. 왼손을 지도에 갖다 대보세요. 왼손 엄지가 호미곶이 되고 검지가 동해안 해안이 될 것에요.

호미곶의 다른 이름-동을배곶冬乙背串

영일만 동쪽에 길쭉하게 뻗은 것은 호미곶이에요. 조선시대에는 동을배곶冬乙背串이라고 했어요. 가장 상단에 보이는 한자가 바로 이 명칭이에요. '곶'은 육지가 바다로 돌출된 곳을 가리키는 말이에요. 이곳은 16세기 조선 명종明宗 때의 풍수지리학자인 남사고南師古가 《산수비경山水秘境》에서 한반도는 백두산 호랑이가 앞발로 연해주를 할퀴는 형상이라 하며, 백두산은 호랑이 코에, 호미곶은 호랑이 꼬리에 해당한다고 한 곳이에요. 《대동여지도》를 제작한 김정호金正浩는 국토의 최동단을 측량하려고 이곳 호미곶을 7번이나 답사했다고 전해져요. 지도상

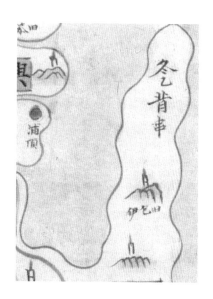

의 호미곶은 지금 위성사진에서 보는 것보다 가늘고 길게 보이네요. 호랑이 꼬리와 같은 웅장한 기상이 느껴지시나요? 인공위성이 없는 시대에 사람들이 걸어서 이 정도로 그려냈다는 것이 놀랍군요.

식량창고로 시작한 포항

그런데 참 이상하죠? 포항은 흥해나 연일보다 훨씬 큰 도시인데 지도에서는 왜 이렇게 작게 나타난 것일까요? 사실 조선시대 때 흥해와 연일은 큰 마을이었어요. 두 마을 모두 군(郡)이었고 성(城)을 갖고 있었지요. 조선시기 군은 부(府)와 목(牧)다음으로 높은 도시 등급이랍니다. 반면 포항은 식량창고만 세워진 사람이 거의 살지 않는 곳이었어요. 사람들은 식량창고만 있는 포항보다는 마을이 형성되고 성이 축조된 흥해나 연일에 사는 것이 더 안전하고 편리했어요. 그곳엔 관청과 역참(驛站)도 있었거든요. 그래서 지도에서 큰 마을은 크게, 작은 마을은 작게 표기한 것이에요. 지도

형산과 제산 사이로 유유히 흐르는 형산강의 모습

를 보면 포항은 흥해와 연일의 경계지점에 있어요. 흥해와 포항은 ∧ 모양이 이어진 산을 기준으로 나눠져 있어요. 포항과 흥해를 가르고 있는 산은 지금의 대흥산大興山이에요. 흥해 바로 왼쪽의 산은 도음산禱陰山이고요. 또 포항과 연일은 형산강을 기준으로 나눠져 있어요. 지도에는 형강兄江이라고 해놓았네요. 형강이라는 명칭은 경주시와 포항시의 경계지역에 있는 제산弟山과 마주하고 있는 형산兄山에서 유래했지요. 지금의 유강터널이 지나는 산이 제산이고, 강 건너편에 있는 산이 형산이에요. '형兄'은 형의 의미이고, '제弟'는 아우의 의미예요. 형과 아우가 강을 사이에 두고 있는 형국이네요. 둘 사이에 무슨 사연이 있는 것일까요?

형산兄山과 제산弟山 그리고 유금리有琴里

후삼국後三國 시기 경순왕敬順王 때였어요. 당시 형산과 제산은 하나로 합쳐져 있었어요. 북천北川 · 남천南川 · 기계천杞溪川 등에서 흘러나오는 물로 지금의 안강安康 지역에는 큰 호수가 만들어졌어요. 이 때문에 물난리가 잦아 치수에 애를 먹었지요. 이 문제를 해결하기 위해서는 왕의 아들이 용으로 승천하여 그 산을 갈라 물길을 터주어야만 했어요. 왕의 아들은 승천하려고 기도를 했어요. 이때 용이 되는 조건이 바로 누군가가 승천한 왕의 아들을 용으로 불러줘야 했어요. 하지만 사람들은 승천한 왕의 아들이 뱀처럼 보여 모두 큰 뱀이라고 했어요. 그런데 유금有琴이라는 한 어린 아이만은 뱀이 아닌 용으로 불렀어요. 그때서야 왕의 아들은 용으로 승천할 수 있었죠. 그 덕택에

왕룡사 왕장군용왕전 내의 목조상
몸체에 비해 얼굴이 크고 해학적인 모습이다. 오른쪽이 경순왕이고, 왼쪽이 마의태자이다. 경상북도 민속자료 제73호로 지정되어 있다.

산이 갈라지면서 물이 빠져나가게 되었어요. 물이 빠져 나간 뒤에 생긴 들판을 그 아이의 이름을 빌어 유금이라고 불렀지요. 지금의 유금리有琴里 는 바로 이 전설과 관련이 있죠. 실제로 이 전설과 관련하여 형산에는 경 순왕과 마의태자麻衣太子를 모시는 절과 사당이 있어요. 대표적인 곳이 형 산 정상에 있는 왕룡사王龍寺에요. 이곳에는 다른 절에서는 보기 어려운 왕장군용왕전王將軍龍王殿이 있는데, 이 안에 경순왕과 마의태자를 상징하 는 목각이 있죠.

촛불 모양의 봉수대

　빨간색 진한 선은 길을 나타내요. 길이 큰 마을을 중심으 로 연결되어있는 것을 볼 수 있어요. 우리 지역에서는 경주 - 장기 - 연일 - 흥해가 서로 연결되어있어요. 옛 사람들은 이 길을 따라 흥해와 연일을 오가며 포항을 거쳐 가겠죠? 지도를 보면 흥미로운 점이 있어요. 짐작이 가시나요? 촛 불 모양의 그림을 찾아보세요. 이 촛불 모양의 그림은 무엇 을 의미할까요? 네, 봉수대烽燧臺를 말해요. 봉수대는 적이 나타났을 때 불을 지펴 연기로 알려주는 군사적 시설이에요. 교통이나 통신이 발달하지 않은 옛날에는 외적이 침입하면 신속하게 조정에 알려 야 했어요. 그래서 봉수대에서 불을 지펴 연기로 멀리 있는 큰 마을로 알렸지요. 봉수대는 연기로 멀리까지 알려야 했기 때문에 보통 높은 산 에 있었어요. 지도를 보면 봉화대가 모두 산 위에 있다는 것을 알 수 있 어요. 봉수대의 위치도 자세히 보세요. 내륙 쪽에 있나요? 아니면 바닷가 쪽에 있나요? 네, 모두 바닷가 쪽에 있어요. 이것은 왜일까요? 바닷가에 서 오는 왜적을 방비하기 위해서이지요. 우리 지역은 예로부터 일본 사

람들의 침략을 많이 받았거든요. 내륙 쪽은 같은 민족이니까 방비할 필요가 없겠지요. 그래서 왜적의 침략에 대비하려고 해안가 높은 산에 봉화대를 설치했답니다. 그런데 호미곶에는 2개, 장기에는 1개, 연일에는 1개, 흥해에는 1개가 보이는데 포항에는 하나도 없네요. 이것은 왜일까요? 포항이 중요하지 않기 때문이었을까요? 앞서 말했지만 당시 포항에는 사람이 거의 살지 않는 마을이었고 지대도 낮아 설치해도 방어효과가 떨어졌기 때문이에요. 반면 장기 쪽에는 봉수대가 상대적으로 밀집이 되어있어요. 이것은 이쪽이 군사적으로 요충지였고 왜적의 침입이 빈번했다는 것을 말하죠. 또한 장기의 서쪽에는 경주라는 아주 큰 마을이 있죠. 경주를 방어하기 위해서라도 장기 쪽의 경비를 강화할 필요가 있었겠죠?

포이포수군진 包伊浦水軍鎭

지도를 보면 동을배곶 아래에 있는 봉수대 밑에 '구포이舊包伊'라는 한자가 보이죠. 여기서 잠깐 옛 지도에 나오는 한자를 읽는 법을 알려드릴게요. 옛날 사람들은 글자를 오른쪽에서 왼쪽으로 혹은 위에서 아래로 썼어요. 왼쪽에서 오른쪽으로 쓰는 지금의 필사법筆寫法이랑 정반대였죠. 오른쪽 상단의 위에서 아래로 쓰인 '동을배곶'이 이런 예이지요. 그래서 옛 지도나 글을 볼 때는 반드시 오른쪽에서 왼쪽으로 읽어야 한답니다. 그러니까 이곳의 한자를 거꾸로 '이포구'라고 읽으면 안되겠죠. 지도상의 '구포이'를 풀이하면 '옛 포이포包伊浦'라는 의미에요. 포이포는 지금의 구룡포읍 모포리 지역이에요. 모포리는 어느 지역보다 보리가 제일 먼저 되는 구석이라 하여 버리꾸지, 즉 포의포包衣浦라고 하고, 바위가 동해로 돌출하여 구석을 만들고 있다고 하여 바우꾸지, 즉 파의포巴衣浦라고도 해요. 지도에서는 실제 위치보다 북쪽으로 많이 올라가 있어요. 이곳의 지형은 바우꾸지라는 명칭에서 보듯이 U자 모양으로 안으로 쑥 들어가 있어요. 수군기지를 두기에는 천혜의 환경을 갖추고 있었던 셈이지요.

그래서 세종대왕 때 이곳에 수군진水軍鎮을 두었어요. 《세종실록·지리지》에는 도요토미 히데요시가 조선을 침략하기 전에 첩자를 보내 염탐했는데, 이곳에 전선戰船 1척, 병선兵船 1척, 사후선伺候船* 2척, 장졸 217

모포해안전경 출처: 포항시청 문화관광 관광사진전

---

* 조선시대에 전투함이나 무장선에 부속되어 정찰 및 첩보에 활용된 비무장 소형 군선을 말한다.

명, 군량미 532석이 있었다는 기록이 있어요. '옛'이라고 한 것은 임진왜란 때 수군의 패배를 되풀이하지 않기 위해 이곳의 수군진을 동래부東萊府남촌면南村面으로 옮겼기 때문이에요. 수군진이 옮겨가자 이곳은 그야말로 이름만 남게 되었어요. 그래서 지도는 '옛날'을 의미하는 한자 '구舊'자로 표기한 것이지요. 《숙종실록肅宗實錄》 20년 갑술조甲戌條에는 이런 상황을 잘 보여주고 있어요. "마을 어르신들께 물으니, '전에는 일본 사람들이 더러 여기까지 침략해 와서 진을 설치하여 방비하였지. 임진왜란 후로는 바다 한 가운데 물이 부딪치는 곳이 달라져서 점차 각 진을 동래東萊 아래로 옮겼지. 그래서 지금은 터만 그대로 남은게지.'라고 했습니다."

《여지도》에 담긴 흥미로운 포항 이야기

이 지도는 산·도로·하천의 모습이 선명하고 봉화대가 비교적 자세하게 그려져 있다는 점에서 어찌 보면 군사적 용도에서 사용되었을 가능성이 있어요. 지도도 용도에 따라 어떤 것을 부각시키고 어떤 것을 뺄 것인지를 결정하겠지요. 그런 점에서 지도를 보면 한층 이해하기 쉬울 거예요. 또 글자의 모양도 큼직하여 보기 좋고, 무엇보다 여러 가지 색으로 그려서 입체감과 생동감이 있는 지도예요. 그 가치를 인정받아 지금 보물 제1592호로 지정되었어요. 어땠나요? 이 작고 간단한 지도에도 우리 포항의 흥미로운 이야기들이 많이 숨어있죠? 포항은 이렇게 사람이 거의 살지 않는 아주 작은 마을의 식량창고에서 시작했답니다. 포항의 변화가 궁금해지기 시작하죠?

《팔도분도八道分圖》(1758~1767) 출처: 규장각한국학연구원

2 《팔도분도八道分圖》(1758~1767)에 보이는 **포항**

《팔도분도》와 《여지도》

이 지도는 1767년 이전에 나온 것으로 추정되는 《팔도분도》에요. 지도는 총 8장으로 이뤄진 도道에 따라 엮은 지도집이에요. 지도의 크기는 47×32.2cm에요. 조선 팔도를 각각 한 장에 나눠 그렸지요. 산지는 ∧ 모양이 중첩된 형태로 나타내고, 먹선으로 그린 뒤 푸른색으로 채색했어요. 같은 색으로 표시한 하천은 겹선으로 표시하되 본류와 지류를 구분하여 지류의 경우는 실선에 가깝게 그렸어요. 군郡은 둥근 원으로 나타냈고, 병영兵營·통영統營·수영水營은 이중의 사각형으로 나타냈어요. 지도에서 경주가 이렇게 나타나 있군요. 지도를 보니 《여지도》보다 조금 더 상세해진 것 같죠? 특히 《여지도》보다 산과 하천에 대한 표시가 더 상세해졌어요. 지명도 굉장히 많아졌고, 봉수대의 위치도 구체적이에요. 과연 이 지도는 우리 포항에 대해 어떤 정보를 담고 있을까요? 자, 하나씩 살펴볼까요.

《팔도분도》 속 포항 인근지역

《여지도》에서 강은 본류만 그렸어요. 반면 《팔도분도》는 본류에 지류까지 상세하게 나타냈어요. 그래서 강의 흐름을 좀 더 상세하게 알 수 있죠. 흥해 쪽으로 가볼까요. 큼직하고 진하게 쓰여 있지요. 일단 흥해가 큰 마을임을 알 수 있겠군요. 흥해 위의 덕성산德城山에 흘러나온 물이 바다로 흐르고 있어요. 이것이 지금의 곡강천曲江川이지요. 이것은 본류에요. 흥해 왼쪽의 지류와 그 오른쪽의 지류가 곡강천과 합류해서 바다로 흘러들어가는 것이 보이나요? 왼쪽이 지금의 북천北川이고, 오른쪽이 지금의 남천南川이에요. 지도상에서는 동쪽과 서쪽으로 강들이 표시되어 있지만 실제로는 북쪽과 남쪽에서 흥해를 감싸고 흐르지요.

흥해 아래 형강兄江에서도 상류 쪽에 여러 가지 지류가 형강으로 모여드는 것을 볼 수 있어요. 형강은 바로 포항의 젖줄이라고 할 수 있는 형산강을 말해요. 형강과 그 옆 형산兄山을 합해서 형산강이라고 하죠. 기계杞溪와 안강安康에서도 각각 하나의 지류가 형산강으로 흘러들고 있어요. 또 경주에서 흐르는 강물이 형강으로 곧장 흘러가고 있네요. 영일의 오천烏川에서도 운제산雲梯山에서 발원한 물줄기가 흐르고 있어요. 지금의 오천을 지나가는 냉천冷川이에요.

포항 주변에는 우리에게 친숙한 산 이름도 많이 보여요. 흥해 바로 밑을 보세요. 도음산禱陰山이 보이죠? 도음산은 흥해의 진산으로 알려져 있어요. 지금 도음산 산림문화수련원이 있는 곳이에요. 영일의 좌하에는 오어사吾魚寺가 자리 잡은 운제산이 보이고요. 그 밑으로는 경주가 있고, 또 그 오른쪽 아래에는 석굴암이 있는 토함산吐含山까지 보이네요. 《여지도》는 산만 표시해놓았는데 이 지도는 구체적으로 산 이름을 표기했어요. 호미곶으로 오면 대곡산大谷山과 월명산月明山이 동을배곶까지 쭉 이어지고 있군요.

죽장부곡竹長部曲과 육현六峴

　이 뿐만이 아니에요. 포항 주변의 마을 이름도 상세하게 표기했어요. 한번 볼까요? 가장 위쪽을 보면 청하淸河와 송라松羅가 있죠? 송라는 지금 보경사로 들어가는 입구에요. 그 좌측에는 죽장부곡竹長部曲이라는 지명이 보이고요. 이곳은 지금의 포항시 최북단에 있는 죽장면竹長面이에요. 신라 제35대 임금인 경덕왕景德王 때까지는 임고군林皐郡*의 영현領縣이었지요. 그러다가 고려 현종顯宗 때 경주에 예속되면서 죽장부곡으로 격하되었어요. 그런데 '부곡'이라는 말이 무슨 말일까요? 이 말은 상당히 흥미로운 말이에요. 놀랍게도 통일신라와 고려 시대 때 특정기술을 가진 사람들로 이뤄진 집단을 말해요. 이곳 사람들은 신분이 낮은 하층민들이었어요. 특히 고려시대 때는 이들을 행정단위로 조직하여 목축·농경·수공업 등의 거친 일에 종사토록 했어요. 물론 일반 백성들과의 접촉을 금지시키고 그들만 살게 했죠. 그러다 조선시대에 와서 일반 행정단위로 변했지요. 아무튼 다른 곳에서는 찾아보기 힘든 명칭 같네요. 참, 송라 아래에 육현六峴을 찾아보세요. 이 고개는 당시 신광 반곡리에서 청하 명안리를 이어주었어요. 청하로 가기 위해서는 꼭 거쳐야 할 고개였어요. 순우리말로 '엿재'라고 해요. '엿재'의 유래에 대해서는 두 가지 설이 전해와요. 첫째는 이 고개에는 도둑과 짐승이 많아서 열 사람이 같이 넘어야 무사히 넘을 수 있어서 '열재'라고 하던 것이 부르기 쉽게 '엿재'로 바뀌었다는 설이에요. 둘째는 청하로 올 때면 이곳의 여섯 개의 고개를 넘어야 한다고 해서 이렇게 부른다는 설이에요.

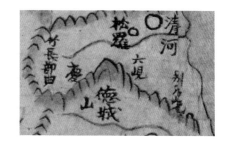

---

* 지금의 영천永川을 말한다.

신광神光과 기계杞溪 그리고 오천烏川

흥해의 왼쪽 아래에는 신광神光과 기계杞溪가 보이네요. 또 그 밑에는 안강安康이 보이고요. 영일 밑에는 오천烏川도 보이네요. 그러고 보니 지금 우리에게 익숙한 지명들이 그대로 사용되고 있군요. 지명의 유래가 오래되었음을 알 수 있죠. 신광은 '신령스런 빛'이란 의미에요. 의미가 참 근사하죠. 이 지명은 신라 시대 때 유래했어요. 신라 제26대 진평왕眞平王이 법광사에서 하룻밤 묵은 적이 있었어요. 그날 밤 비학산飛鶴山에서 밝은 빛줄기가 찬란하게 뻗어 나왔어요. 이를 본 진평왕은 신령스러운 빛이라 여기고 이곳을 신광神光이라고 불렀다고 하네요. 기계 역시 신라 시대 때 유래했어요. 원래는 신라의 모혜현芼兮縣 내지 화계현化鷄縣이라 했어요. 경덕왕 때 기계현杞溪縣으로 바뀌면서 의창군義昌郡의 영현領縣이 되었어요. 고려 현종 때는 경주에 예속되었어요. 조선 초기에도 계속 경주부의 속현으로 있다가 후에 폐읍되었어요. 1914년 행정구역개편에 따라 영일군에 흡수되어 기계면이 되었어요. 1995년 영일군과 포항시가 통합될 때 포항시에 편입되었지요. 오천은 포항 시민이라면 누구나 다 아는 지명이지요. 오천 역시 신라 시대 때 유래했어요. 오천의 '오烏'는 단순히 '까마귀'를 뜻하지 않아요. 이곳의 '오'는 '태양'과 연관이 있어요. 왜냐하

면 옛 사람들은 태양 안에 세 발 달린 까마귀, 즉 삼족오三足烏가 살고 있다고 믿었기 때문이죠. 그래서 오천의 의미는 해가 뜨는 냇가라는 의미에요. 이것은 이 고장의 대표적인 마을인 영일迎日과도 의미가 일맥 상통해요. 알고 보면 오천은 아주 흥미로운 지명이지요. 후에 일제강점기인 1914년 행정구역개편 때 오천면이 되었어요. 1980년에는 오천읍으로 승격이 되었지요. 1995년에는 포항시에 편입되어 지금까지 이어져 오고 있답니다.

봉수대

또 흥미로운 것은 봉수대의 위치와 숫자예요. 《여지도》에서는 봉수대가 촛불 모양으로 나왔는데, 《팔도분도》에서는 □로 표시되었어요. 찾을 수 있나요. 호미곶 가장 위쪽에 동을배곶 옆의 산 정상에 봉수대가 하나 있군요. 그 아래 월명산月明山에도 봉수대가 있네요. 장기의 운장산雲章山에도 봉수대가 있고, 그 남쪽에도 봉수대가 있어요. 또 영일과 오천 남쪽의 산 정상에도 봉수대가 있어요. 그런데 흥해 쪽에는 봉수대가 표시되어 있지 않네요. 봉수대 위치는 《여지도》와 전반적으로 맞아떨어지지만 호미곶 가장 상단에 봉수대가 있었다는 점과 흥해의 봉수대가 보이지 않는 점이 다르네요. 이를 빼고는 《여지도》의 봉수대 위치와 대체적으로 맞아떨어지고 있어요.

형산강 하류의 두 개의 섬-죽도와 해도

자, 이제 포항 쪽을 한 번 살펴볼까요? 이 지도에 나타난 포항은 두 가지를 유의해서 보아야 해요. 즉, 형산강 하구에 보이는 두 개의 섬과 포항창浦項倉이라는 명칭이에요. 이 두 가지는 포항의 지형 변화와 유래를 이해하는데 아주 중요하거든요.

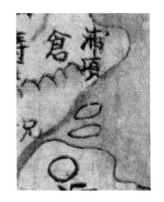

형산강 하구에서 영일만으로 나오는 곳에 두 개의 섬이 보이나요? 섬 표시만 되어있을 뿐 섬 이름은 없어요. 포항 앞바다에 이런 섬이 두 개 있었다는 것이 믿기나요? 위쪽 섬은 지금의 죽도동竹島洞이고, 아래쪽 섬은 지금의 해도동海島洞에 해당되지요. 원래 형산강 하류지역은 삼각주였어요. 삼각주란 강에 의해 운반된 퇴적물로 형성된 낮은 평지를 말해요.

형산강에서 영일만으로 계속 퇴적물이 유입되면서 지대가 차츰 높아졌어요. 그 결과 이런 섬들이 만들어지게 된 것이지요. 죽도竹島에서 '도'는 섬이고, '죽'은 대나무이지요. 지명으로 봐도 이곳이 역사적으로 섬이었다는 것을 알 수 있겠네요. 그리고 이곳에는 대나무도 많이 자랐음을 알 수 있겠네요. 그래서 옛날에는 이곳을 순우리말로 '대섬'이라고도 했어요. 해도海島도 마찬가지로 섬을 의미하는 '도'가 들어가 있어요. 다만 바다 '해'자가 있어 바다에 있는 섬이라는 의미인데 지도를 보면 왜 '해도'라고 했는지 알 수 있네요. 위쪽 섬으로 나가는 물줄기를 칠성천이라고 하지요. 이 천은 양학동과 용흥동을 지나서 죽도시장과 남빈동 사거리를 거쳐 동빈내항으로 흘러가죠. 옛날 포항으로 유입되는 일곱 개의 물줄기가 흘러가는 모습이 높은 곳에서 보면 일곱 개의 별이 반짝이는 것 같다고 해서 붙여진 이름이에요. 지금은 토사의 유입으로 사라지거나 남아 있던 구간은 복개되어 도로가 되었어요. 제가 어렸을 때는 죽도시장과 남빈동에서 이 강을 볼 수 있었지요. 제가 어려서 본 것은 지도에서만큼 강폭이 크지 않았어요. 동네 하천 정도 크기였어요. 밑의 섬 아래로 흐르는 강이 형산강이에요. 형산강은 강폭이 넓고 커서 지금까지 그 모습을 유지하며 흐르고 있지요. 섬의 가운데를 흐르는 강은 가장 많은 토사들이 쌓여 일찌감치 육지로 변했어요. 이 강은 바로 죽도동과 해도동을 가르는 경계지역으로 추측한답니다. 아무튼 이 두 섬은 이후에도 하류 쪽에 토사가 계속 쌓이면서 강보다 높아지게 되었어요. 처음에는 갈대가 무성한 갈대밭이 되었다가 후에 점차 개간할 수 있는 땅으로 변모해갔어요.

'포항' 향호의 유래

이제 포항창浦項倉에 대해서 이야기해 볼까요. 《여지도》에서 '포항'이라고 표기된 것과는 달리,《팔도분도》에서는 '포항창'이라고 되어있네요. '창'은 식량을 저장하는 창고를 의미해요. 지금 말로 옮기면 '포항식량창고' 정도가 되겠네요. 아하! 그러면 포항은 원래는 마을 이름이 아니고 식량창고 명칭이었음을 알 수 있겠네요. 나아가 '포항'이라는 향호가 바로 여기서 시작된 것도 짐작할 수 있겠네요. 포항창에 대해 알아보기 전에, 우선 '포항'이라는 명칭이 어떻게 유래했는지 알아볼까요? 이에 대해서는 현재 세 가지 설이 있어요. 첫째, 통양포通洋浦의 '포'자와 형산항兄山項의 '항'자를 따서 포항이라고 불렀다는 설로, 우리 지역 어르신들이 전하는 설이에요. 둘째, "물가의 굽고 긴 모래사장은 오른손으로 목덜미를 잡고 있는 듯하네浦曲長汀右手執項."라는 시 구절에서 첫째 글자 '포'자와 마지막 글자 '항'자를 따서 포항이라 불렀다는 설이에요. 셋째, 칠성천 부근을 옛날에 '갯미기(갯목)'으로 불렀는데, 이를 한자로 옮기면 포항이 된다는 설이에요. 이중 세 번째 설이 현재 유력하게 받아들여지고 있어요.

포항창浦項倉의 설치

이제 우리 고장 포항의 유래를 아셨죠? 자, 다시 포항창 이야기로 돌아갈게요. 포항창은 함경도의 기근에 대비하여 설치한 국가적 규모의 식량창고에요. 왜 함경도의 기근을 포항에서 대비했을까요? 함경도는 토질이 척박하여 식량생산량이 다른 도에 비하여 현저히 적었어요. 또 중앙에 상납해야 할 전세곡도 도내의 관창에 군량미로 비축했지요. 그렇기 때문에 흉년이 들어 중앙에서 세금을 줄여주더라도 함경도 도민에게는 별다른 혜택이 되지 못했지요. 함경도 도민에게 도움이 되는 실질적인 구휼방식은 다른 도에서 곡물을 이전해 오는 것이었어요. 그런데 각 지방관들은 자신이 관할하는 지역의 입장을 우선하여 타 지역에 곡물을 제공하는 것에 소극적이었지요. 전국적으로 기근이 들면 이러한 상황은 더욱 심해졌어요. 때문에 각 지역의 부담을 줄이면서 함경도에 진휼곡을 안정적으로 제공하는 방안이 모색되었어요. 이에 동해안에 진휼창고를 설립하는 방안이 영조 임금 초반에 제기되었지요. 영조 8년(1732) 경상감사慶尙監司 조현명趙顯命(1690~1750)은 경주부윤慶州府尹 김시형金始炯(1681~1750)과 상의하여 포항에 창사倉社를 설치하기로 결정했어요. 6월 3일에 착공하여 90일간의 공사 끝에 포항창을 완성했지요. 포항창이 함경도에 구휼미를 이전하는 요충지로서 기능할 수 있었던 것은 포항항이 전라도나 함경도를 이어주는 중간 기착점이면서, 곡창지대가 많은 경상도의 농작물을 수집하는 데에 유리했기 때문이었어요.

포항창의 규모와 위치

포항창의 규모는 우리가 생각하는 단순한 식량창고보다 훨씬 컸어요. 《경상도읍지·영일현》에 의하면, 영일만 주잠촌駐暫村, 즉 지금 학잠동 일대의 북부산北負山 해안가에 3만석의 곡물이 들어갈 수 있는 100칸의 크기로 지었다고 해요. 또 곡물을 선적하는 조운선도 14척에 달했다고 하네요. 이곳이 어딘지에 대해서는 세 가지 설이 있어요. 지금의 북구청, 구 포항역, 여천동 일대라는 설이에요. 공통점은 세 곳 모두 형산강에서 가까운 위치에 있다는 것이에요. 이곳의 위치를 특정할 수 있다면 포항 역사에서 의미 있는 곳이 되겠지요.

포항창의 의의

포항창의 설치와 운영은 동해안 일대의 물류 유통 발달에 크게 기여하였어요. 포항창의 설치를 전후로 영일현과 인근 지역에 부조장扶助場 등 다수의 장시가 개설되어 영일만을 중심으로 한 상권이 형성되었지요. 이처럼 조선후기 관창의 운영은 기근의 구휼이라는 목적 외에도 재정 물류의 집적과 이동을 유도하는 것이었기에 지역 간 상업유통경제를 촉진하는 계기로 작용했어요. 이로 인해 포항 지역에 서서히 인구가 유입되면서 사람들이 살기 시작하는 곳으로 변모해갔어요. 이것은 조선 시기에 나온 인구통계자료에서도 그대로 확인이 되어요.

	1425년	1759년	1789년	1832년	1871년
흥해	4,036명	12,988명	12,900명	12,988명	11,357명
영일	3,628명	17,312명	18,544명	18,558명	18,558명
장기	1,736명	6,673명	8,138명	8,531명	9,560명
청하	1.209명	1,552명	6,319명	6,673명	6,907명

자료출처 : 배용일 지음, 《포항 역사의 탐구》, 193쪽

포항창이 들어선 이후인 1759년부터 고을인구가 흥해 - 영일에서 영일 - 흥해로 순위가 바뀐 것을 볼 수 있어요. 이 순위는 이후로도 바뀌지 않고 그대로 유지가 되어요. 이러한 영일의 인구변화는 포항창진의 설립으로 경제가 활성화된 영향이 컸다는 것을 보여주어요.

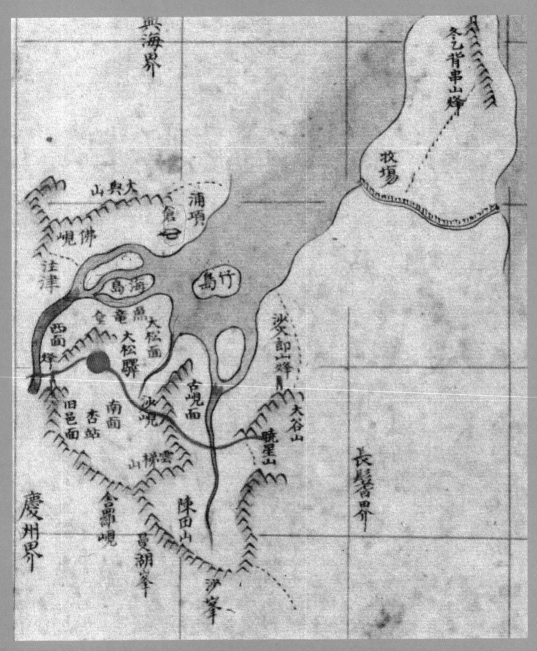

《조선지도朝鮮地圖》(1767~1776) 출처: 규장각한국학연구원

3 《조선지도朝鮮地圖》(1767~1776)에 보이는 포항

《조선지도》의 특징

　1767년~1776년에 나온《조선지도朝鮮地圖》에요. 지도책 한 면의 크기가
49.8×38.5cm이고, 보물 1587호로 지정되어있어요. 지금은 규장각에 소장
되어 있지요. 이 지도도 ∧ 모양을 중첩하여 산을 나타냈네요. 그 위에
청록색으로 채색했어요. 하천은 겹선으로 나타내고, 규모에 따라 폭을 달리
하여 본류와 지류를 구분했어요. 바다는 하천과 동일한 연한 청색으로 그
렸어요. 섬은 큰 섬이면 지명과 함께 산지 표현을 통해 나타냈고, 작은
섬은 윤곽만 그렸어요.

《조선지도》 속 포항 인근지역

　이 지도는 영일현을 중심으로 그려졌어요. 흥해 쪽은 나타난 것이 없
어요. 이 지도가 나올 무렵 포항은 아직도 작은 마을에 불과했어요. 지도
에서 점선으로 이어진 부분이 영일현의 경계에요. 북으로는 대흥산을 기
준으로 흥해와 인접하고, 서남쪽으로는 경주와 인접하고, 동남쪽으로는
장기와 인접하고 있네요. 옛날에는 마을과 마을을 구분해주는 것은 주로

산과 하천이었지요. 영일현도 북쪽에는 대흥산이, 남쪽에는 운제산이, 동쪽에는 대곡산이 병풍처럼 둘러싸고 있어요. 그리고 포항과 영일은 형산강이 경계로 지나고 있네요.

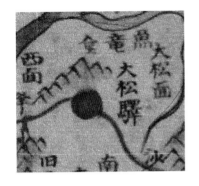

말을 갈아탔던 대송역大松驛

영일 읍성 옆에 큼직한 글씨로 대송역大松驛이라고 되어있네요. 역참이 들어섰던 곳이죠. 역참은 말을 갈아탈 수 있고 숙박도 할 수 있는 곳을 말해요. 그러니까 지금의 버스터미널과 여관의 기능을 겸한 곳이라고 보면 되겠네요. 대송역은 이 일대에서 가장 큰 역참이었어요. 경상좌도慶尙左道 송라도松羅道에 예속된 7개의 속역屬驛 중에 하나였지요. 북쪽으로 갈 때 그 다음으로 들르는 흥해 망창역望昌驛과는 30리 떨어져 있었어요. 역참에는 대마大馬 1필·중마中馬 2필·짐을 나르는 복마卜馬 8필이 있었어요. 역참을 관리한 인원으로는 역리 31명·노비 32명·시녀 30명이 있었어요.《포항 역사의 탐구》의 저자 배용일 선생님의 주장에 의하면, 대송역은 지금의 괴동동槐東洞과 동촌동일 것으로 보고 있어요.* 1914년 동면東面과 남면南面이 통합되면서 대송역의 이름을 따서 대송면大松面이라고 불렀어요. 이 명칭은 지금까지 이어지고 있지요.

영일만의 세 갈래 물줄기-형산강·칠성천·냉천

이 지도를 보면 세 갈래의 물줄기가 영일만으로 흐르는 것이 보여요.

---

* 배용일 지음,《포항 역사의 탐구》, 포항1대학, 2006년, 137쪽.

그중 위쪽의 가장 굵은 물줄기가 경주에서 영일만으로 흐르는 형산강이에요. 가운데 가늘고 짧은 물줄기가 보이죠. 이 강이 지금 연일에서 형산강으로 흐르는 칠성천(포항의 칠성천과 명칭이 같음)*으로, 형산강의 지류이지요. 가장 아래에 있는 올챙이 꼬리 같이 생긴 약간 굵은 물줄기가 오천을 지나 바다로 흐르는 냉천冷川이에요. 냉천은 운제산과 오천읍 진천리에서 흘러내리는 하천이에요. 하천의 물이 차서 '차갑다'는 의미의 '냉冷'자 써서 냉천이라고 하죠. 또 냉천의 하류에서 바다와 만나는 백사장 일대를 아등변阿等邊이라고 해요. 아등변은 신라시대 때 지명이에요. 신라의 동쪽 끝이란 의미이지요. 《삼국사기三國史記》에 의하면, 신라 황실에서는 해마다 이곳에 사자를 파견하여 동해용신東海龍神에게 제사지냈다고 하네요.

네 개의 섬

이 지도에서 유의 깊게 봐야 할 것은 형산강 하류와 영일만에 흩어져있는 4개의 섬이에요. 앞의 《팔도분도》에서는 분명히 섬이 2개였는데, 이 지도에서는 섬이 4개가 되었어요. 해도와 죽도 외에 해도 옆에 있는 이름 없는 섬과 냉천 하류에 제법 큰 섬 하나가 더 보이네요. 어찌된 일일까요? 하나씩 살펴볼까요? 먼저 두 개의 섬에는 '해도'와 '죽도'라

---

* 이 하천은 대흥산에 발원하여 형산강으로 흐르는 칠성천과 명칭은 같으나 실제로는 발원지와 위치가 다르다. 이 하천은 운제산에서 발원하여 북류하다가 남구 괴동동에서 형산강으로 흘러든다.

는 명칭이 또렷하게 보이네요. 포항 사람이라면 두 섬의 이름이 모두 익숙하지요. 그런데 죽도가 영일만 바다 한 가운데 떠있네요. 죽도가 영일만 한 가운데 있다니, 상상이 잘 가질 않죠. 사실 현재의 포항 지형으로 보면 죽도를 바다 쪽으로 너무 멀리 그린 것이에요. 죽도는 실제로 해도 바로 위쪽에 있는 섬이어야 해요. 그러니까 해도 바로 위에 있는 섬의 위치에 있어야 하는 것이지요. 이렇게 된 것은 유량이 많아져 섬이 물에 잠겼을 때 아마 멀리 보였기 때문에 지도에서는 조금 과장되게 그린 것이지요. 그렇다면 지도에서 해도 바로 위의 섬은 어떤 섬일까요? 이 섬은 형산강 하구에서 유량이 늘어났을 때 나타나는 섬일 것으로 추측해요. 옛 지도를 보면 형산강에 나타나는 섬으로 상도·하도·분도·해도·죽도 다섯 섬이 보이는데, 해도와 죽도를 빼면 아마 상도·하도·분도 중에 하나일 가능이 있겠네요.

냉천 하류의 섬

그리고 냉천에서 흘러나온 토사들이 쌓여 그 입구에 제법 큰 섬이 만들어졌어요. 사실 섬이라기보다 토사가 쌓여 형성된 것이지요. 물이 불어나면 보이지 않고 물이 줄어들면 드러나는 언덕 같은 섬이었지요. 이 섬의 존재에 대해서는 두 가지 설이 있어요. 하나는 실제로 존재했다는 설이에요. 마을의 어르신들이 예로부터 선조 대에 하구에 이러한 섬이 존재했다는 이야기를 전해 들었다는 것이지요. 둘째는 지도가 잘못 그려졌다는 설이에요. 제주대학교의 오상학 교수는 《고지도를 통해 본 형산강의 변천모습》이란 논문에서 "냉천 하구에도 커다란 섬이 그려져 있는데, 이는 잘못 그려진 것으로 판단된다. 하천의 규모로 볼 때 이 같은 크기의 삼각주가 생기기는 힘들어 보이고, 현재도 이러한 섬의 흔적을 찾아보기란 어렵기 때문이다."라고 했어요. 아무튼 현재 저 섬의 존재를 확인할 길이 없는 것이 아쉽네요.

전설의 섬 자미도子尾島

영일만에 이렇게 둥둥 떠 있는 섬들을 보니 우리 지역 사람들이 생각한 상상의 섬 자미도子尾島가 생각나는군요. 자미도는 동해 한복판에 있다고 전해오는 상상의 섬이에요. 두호동에 살던 어부 이모라는 사람이 고기잡이를 하다가 심한 풍랑을 만나 며칠 동안 정처 없이 바다를 떠돌다 한 섬에 닿았어요. 섬에는 수목과 대나무가 울창한 숲을 이루었지요. 수일 동안 바다를 헤매다보니 7~8명의 뱃사람들 전부가 빈사 상태에 있었어요. 섬에 올라가 울창한 수풀을 헤치고 섬 깊숙이 들어가니 고색창연한 초가집들이 띄엄띄엄 보였어요. 어느 한 집 앞에서 사립문을 두드리니, 한 백발노인이 나와 이렇게 말했어요. "오늘쯤 이 섬에 진귀한 손님이 올 것이라고 짐작했는데 그대들이었구려. 그러나 이 섬에는 속세 사람들이 살 곳이 못 되니, 빨리 돌아가는 것이 좋을 것이오." 뱃사람들이 허기짐을 호소하자, 노인은 떡 한 개씩 나눠주며 또 이렇게 말했어요. "이 떡을 먹으면 수일 동안 허기를 모르고 지낼 수 있소. 며칠 쉬면서 피로를 풀고 이 섬을 떠나도록 하시오. 그대들이 타고 온 배로는 바다를 건널 수 없으니, 내가 배 한 척을 주리다. 아마 그 배를 타면 순식간에 육지에 닿을 것이오." 수일 후 선원들의 건강이 회복되자, 노인은 7~8명이 탈 수 있는 배 한 척을 내주었어요. 선원들이 배를 타자 순식간에 강원도 송월 땅에 닿아 선원들은 목숨을 부지하였어요. 이 이야기가 전해지자 탐관오리들의 횡포를 피해 가족을 데리고 자미도를 떠났다가 동해바다 한복판에서 헤매는 어부들이 허다하였다고 전해와요.

칠성천과 효불효교孝不孝橋 이야기

지도를 보면 형산강에서 영일만으로 흘러가는 물길이 세 갈래로 나눠져 흐르는 것을 볼 수 있어요. 가장 위쪽 수계가 지금은 사라져 버린 칠성천이고, 이로 형성된 섬이 죽도에요. 칠성천은 대흥산에서 흘러내린 물이 모여 형산강으로 흘러가는 하천이에요. 옛날에는 용당강龍堂江이라고도 했죠. 여기에는 흥미로운 이야기가 전해와요. 용당강의 서쪽 언덕 용당동에 한 아들이 과부가 된 어머니를 봉양하며 살았어요. 어머니는 홀로된 뒤부터 밤늦게 아들이 잠든 틈을 타서 외출하기 시작했어요. 처음에는 한 달에 한 번쯤 집을 나갔으나 점차 횟수가 잦아지더니 나중에는 밤마다 집을 나갔어요. 눈이 내리고 세찬 바람이 부는 동짓달의 어느 날이었어요. 아들은 밤마다 몰래 집을 나가는 어머니에 대한 궁금증을 이기지 못하여 어머니의 뒤를 살짝 따라가 보았어요. 아들은 어머니가 용당동 언덕에서 옷을 벗고 강을 건너 상도동의 어느 홀아비 집에 간다는 사실을 알게 되었어요. 불륜의 현장을 목격한 아들은 처음에 충격을 받았으나, 남편을 잃고 외롭게 살아가는 어머니를 이해하기로 했어요. 그래서 아들은 엄동설한 밤중에 옷을 벗고 강을 건너는 어머니를 위해 징검다리를 놓기로 했어요. 용당동에 며칠 동안 남몰래 일곱 개의 돌을 주워서 다리를 놓았어요. 후에 이 사실을 알게 된 마을 사람들이 연일현감에게 고하여 효자상을 내리게 해주었다고 전해요. 후인들은 그 아들의 효행에 감동하여 용당강을 효자강孝子江이라 부르고, 돌 일곱 개를 주워 놓은 징검다리를 칠성교로 불렀어요. 또 용당강을 칠성강이라 부르고, 칠성교를 효자교로 불렀어요. 한편으로 그 아들이 모친에게는 지극한 효자이나, 죽은 부친에게는 불효자라 하여 용당강을 효불효강孝不孝江이라 하고, 칠성교를 효불효교孝不孝橋라고도 불렀답니다. 칠성천은 지금의 양학동 - 용흥동 - 남빈동을 따라 바다로 흘러갔어요. 중간의 수계는 후에 토사가 계속 쌓이면서 갈대밭이 되었다가 후에 경작하는 땅이 되었어요. 이 땅이 생기면서 기존의 죽도와 합쳐져 대도가 되었어요. 가장 밑의 수계가 바로 형산강의 본류에요. 지금의 해도동이 지도에 나온 대로 형산강이 흐르는 바로 옆에 있어요.

동을배곶산봉冬乙背串山烽과 사화랑산봉沙火郎山烽

호미곶으로 가보면 아래쪽과 위쪽에 각각 사화랑산봉沙火郎山烽과 동을배곶산봉冬乙背串山烽이 있고, 동을배곶산봉 아래에는 목장牧場이 보이네요. 동을배곶산봉은 동을배곶산 봉수대로, 오늘날 호미곶면 대동배리에 있어요. 이 봉수대는 호미곶 최북단에 있는 중요한 봉수대에요. 서쪽으로 영일만 건너 흥해 곡강천 인근의 지을산知乙山 봉수대와 호응했고, 남으로는 영일의 사화랑산沙火郎山 봉수대와 호응했어요. 왜적이 침입하면 이곳에서 흥해와 영일에 동시에 알릴 수 있었던 것이죠.《신증동국여지승람》에 의하면, 둘레 700척(210m), 높이 15척(4.5m)의 규모를 갖고 있어요. 조선 초기에 설치되어 조선 후기까지 운영되다가 고종高宗 31년(1894)에 철폐되었지요. 사화랑산 봉수대는 지금의 동해면 석리·입암리·상정리 경계에 있는 사화랑산 정상에 있어요. 기록에 의하면 둘레는 600척(181m), 높이는 10척(3.3m)의 규모를 갖고 있어요. 조선 초기에 설치되었고 조선 후기까지 운영되다가 역시 고종 31년(1834) 철폐되었어요. 서쪽으로는 경주 형산兄山 봉수대에 응하고, 동쪽으로는 장기현 뇌성산 봉수대와 호응했어요.

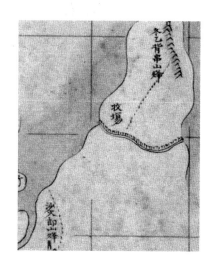

장기목장長鬐牧場

목장牧場은 말을 기르는 곳을 말해요. 그래서 앞의《팔도분도》에서는 마성馬城으로 되어있죠. 이곳은 지금의 장기목장長鬐牧場으로 알려져 있어요.《세종실록世宗實錄》에 의하면, 세종 14년(1432) 동을배곶에 목장을 설치하고 장기의 고을수령이 감목관監牧官을 겸했다고 하였어요. 조선시대 말은 교통과 전쟁 등의 용도로 쓰이는 중요한 전략물자였어요. 그래서 국가적으로 목장을 세워 대량으로 사육했던 거지요. 마성馬城은 구룡포읍 석문동에서 동해면 흥환리까지 6.3km에 이르러요. 기록에 의하면, 이곳에서는 목자군牧子軍 244명을 두어 말 1008필을 사육했다고 하네요. 그 규모가 작지 않죠? 지금은 옛 영화를 뒤로하고 목장성터와《장기목장성비長鬐牧場城碑》만 세월의 흔적을 보여주지요.

장기목장성비長鬐牧場城碑의 모습

포항창의 폐지

이 지도에도 포항의 유래가 된 포항창이 보이네
요. 이때는 포항창이 설치된 지 36~45년이 지난 시
점이에요. 포항창은 운영과정에서 여러 가지 문제
점들을 야기했어요. 해가 갈수록 관리들의 행패가
심해지면서 현지 백성들의 고통이 극심해졌어요.
또 창이 바닷가 곁에 있어서 지반의 침식문제도 발
생했어요. 무엇보다 포항창으로 가는 육지의 접근
성이 좋지 않았어요. 함경도를 구휼하는 식량기지

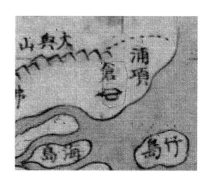

로써의 포항창은 바닷가에 인접해있어 천혜의 조건을 갖췄지만 내륙에
있는 지방에서 포항창으로 곡식을 운송할 때는 불편한 점이 많았어요.
왜냐하면 북쪽으로는 산이, 남쪽으로는 강이 막고 있었기 때문이에요.
즉, 북쪽에서 올 때는 대흥산을 넘어야 했고, 남쪽에서 올 때는 형산강을
건너야 했어요. 무겁고 많은 곡식을 산과 강을 넘어 운반한다는 것은 쉬
운 일이 아니었지요. 해가 거듭될수록 이와 같은 불편한 운송문제가 대
두되었어요. 조정에서도 이를 감안하여 흥해로 창을 이전하자는 건의가
나왔어요. 결국 정조 2년(1778) 9월에 이전문제가 표면화 되었지요. 그로
부터 5년 후인 1783년에 포항창은 공식적으로 폐지되었어요. 이로 설립
된 지 52년 만에 국가적으로 세운 식량기지가 일개 지방관아에 예속된
식량창고로 격하되었어요. 이로 인해 포항의 발전은 조금 더 긴 시간을
기다려야 했답니다.

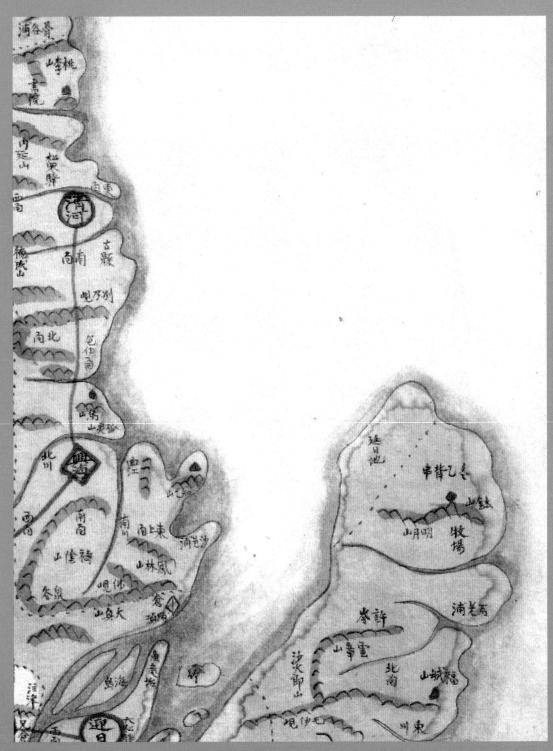

《청구도靑邱圖》(1834) 출처: 규장각한국학연구원

4 《청구도青邱圖》(1834)에 보이는 포항

김정호가 제작한 《청구도》

《청구도》는 순조純祖 34년(1834) 김정호가 제작한 지도에요. 2008년 12월 22일에 보물로 지정되었지요. 채색필사본彩色筆寫本이고, 건곤乾坤 2책으로 이뤄져있어요. 축척은 21만 6000분의 1이에요. 이 지도의 장점은 '찾아보기'가 앞쪽에 첨부되어 있다는 것이에요. 큰 지도에서 찾아보기 기능을 첨부한 것은 당시로서는 획기적인 방식이었어요. 한중일 어디에도 이런 방식의 지도는 없었어요. 큰 지도 속에서 사람들은 찾으려는 마을을 '찾아보기'를 통해 아주 쉽게 찾을 수 있었죠. 당연히 김정호에게 지도를 제작해달라는 주문이 밀려들어왔지요. 김정호는 지도 제작으로 꽤 많은 돈을 벌었지요. 하지만 지도 판매로 벌어들인 돈 중 생활비를 제외한 돈은 새로운 지도 제작과 지리지 편찬에 모두 투자했어요. 진정한 장인이었든 거지요.

《청구도》 속 포항 인근 지역

이 지도는 《청구도》 속 포항 일대의 모습이에요. 앞의 두 지도보다는 제작시기가 늦어요. 19세기 초반에 나왔어요. 이 지도는 청하군과 흥해군의 산과 하천이 잘 나타나 있어요. 그러니까 흥해군과 청하군을 중심으로 그린 지도라고 볼 수 있겠네요. 가장 위로 청하가 보이고 아래로 내려오면 흥해가 보이네요. 가장 아래에는 또 포항과 영일 일부가 보이고요. 이 지도에서도 대흥산을 기준으로 흥해와 영일이 나뉘는 것을 볼 수 있어요. 포항이 대흥산 남쪽에 있으니 아직도 행정구역상으로는 영일군에 속해 있음을 알 수 있겠네요.

어룡대魚龍坮의 등장

이 지도에도 주의할 것은 지금의 포항 남구에 해당하는 형산강 하류와 영일만이에요. 형산강 하류에 섬이 2개 있고, 영일만에 또 2개의 섬이 보여요. 이것은 앞의 《조선지도》와 비슷해요. 지도에서 해도 바로 옆에 길쭉하게 솟아올라온 곳이 보이죠? 맞아요! 어룡대魚龍坮에요. 지금은 어룡대 대신 모래 '사沙'자를 넣어 어룡사魚龍沙라고 하죠. '어룡'이라고 부른 것에는 이런 이야기가 전해와요. 옛 사람들은 장기곶이 영일만을 감싸고 동해바다로 길게 돌출된 것을 보고 마치 용이 등천하는 형국이라 하여 용미등龍尾嶝이라 했어요. 또 흥해읍 용덕리의

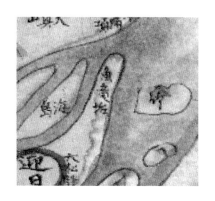

용덕곶이 동남쪽으로 돌출된 것을 보고 물고기가 승천하는 형국으로 보았어요. 그래서 두 곳의 형상을 풍수지리학적으로 물고기와 용이 서로 다투는 형국으로 보고 어룡사라고 불렀던 것이죠. 사실 신라시대부터 이곳은 용과 관련이 있었어요. 이곳은 신라시대 때 가뭄이 들면 동해용신東海龍神에게 기우제를 지내던 곳이거든요. 어룡사의 범위는 넓게

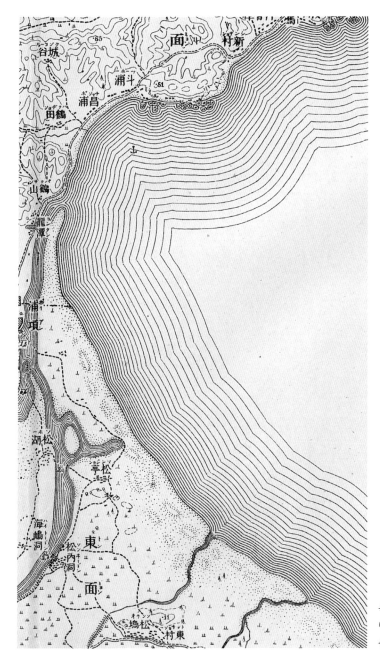

북구 환여동에서 동해면에
이르는 어룡사의 모습
출처: 1913년 조선총독부 지도

보면 동해면 약전동에서 형산강을 지나 두호동에 이르는 약 20리의 넓은 백사장을, 좁게 보면 형산강 하류를 중심으로 남쪽과 북쪽, 즉 포항제철소가 자리 잡은 지대와 지금의 송도 해수욕장 전역을 말하지요. 영일만을 따라 용이 용솟음치듯 이어진 해변을 상상해보세요. 우리 포항도 한때 이렇게 아름다운 해변을 가진 적이 있었답니다. 옛 사람들은 이렇게 아름다운 풍경을 어룡사팔경魚龍沙八景으로 담아냈지요. 어떤 것들이 있는지 볼까요. 하얀 모래와 푸른 파도를 의미하는 백사창파白沙蒼波, 동해의 찬란한 일출을 의미하는 아동일출阿東日出, 끝없이 이어진 긴 백사장과 오래된 소나무를 의미하는 장사노송長沙老松, 형산강의 굽이굽이 흐르는 강물을 의미하는 형산곡류兄山曲流, 대나무 숲과 솔바람을 의미하는 죽림송풍竹林松風, 형산성의 터를 의미하는 형산성지兄山城跡, 포항 앞바다에서 물고기를 잡는 등불을 의미하는 항정어화項汀漁火, 냉천의 은어를 의미하는 냉천은어冷川銀魚가 바로 이것이에요. 참 아쉽게도 지금은 도시의 개발로 그 명맥을 찾아보기 어렵게 되었어요. 포항의 발전과 이 아름다운 백사장을 맞바꾼 것이라는 생각이 드네요. 후에 이 어룡사는 포항제철의 탄생과도 관련이 있답니다. 이 이야기는 뒤에서 할께요. 해도와 어룡대 사이를 흐르는 강이 바로 형산강 본류에요. 어룡대는 이전 지도에서는 보이지 않았는데 《청구도》에서 보이기 시작했다는 점에서 의미가 있네요.

포항창浦項倉의 운영과 그 변화

이 지도에도 포항창이 보이네요. 이것은 포항창이 이 지도가 제작된 1834년까지도 존속했음을 말해주는 것이에요. 이 무렵이면 포항창이 설립된 지도 100년이 넘는 시간이 흘렀어요. 이 100여 년 동안 포항창은 어떤 변화를 겪었을까요? 함경도를 구휼하는 식량창고로서의 역할을 맡았던 포항창은 운영 과정에서 여러 가지 문제점들을 노출시켰어요. 정조正祖 2년(1778) 6월에 우의정이 포항창의 관리를 맡은 별장別將과 수하 관리들의 행패로 백성들이 어려움에 처해있다는 점, 포항창의 터가 바닷가 가까이 있어 해마다 침식이 일어난다는 점, 육로 수송의 어려움 들어 조

치를 취해줄 것을 청하는 상소를 올렸어요. 이로 3개월이 지난 9월에는 결국 포항창의 이전문제가 제기되었지요. 그 결과로 이전문제가 거론된 지 5년이 지난 1783년에 포항창진은 폐지되었어요. 포항창진이 설치된 지 52년 만이었지요. 포항창은 진장鎭將의 폐지로 일개 지방관아의 식량 창고로 격하되고 말았죠. 그렇다고 포항창의 기능이 여기서 끝난 것은 아니었어요. 국가적인 식량창고로서의 기능은 멈추었지만 영일지방의 조적창糶糴倉*이자 제민창濟民倉**으로서 계속 운영되었어요. 《청구도》가 나올 무렵인 1832년 영일지방에서는 읍창邑倉과 포항창이 운영되었어요. 1871년 무렵 읍창·포창浦倉·사창社倉이 함께 운영되었어요. 포창은 포항 창을 말해요. 이처럼 포항창은 1783년 철폐되었으나 이후 영일지방의 식량을 취급하는 대표적인 식량창고로서의 기능은 유지했어요. 포항창이 운영된 100여 년이 넘는 기간 동안 이곳에 근무한 사람들과 배를 타고 식량을 수송한 인부들로 인해 우리 고장에는 시장이 형성되었을 것이고, 이로 인해 상가와 민가가 들어섰을 것이에요. 또한 장사하려는 사람들이 인근 흥해와 영일에서 들어오면서 포항은 차츰 마을로 발전해가요.

---

* 곡식을 수매하고 파는 기능을 수행하는 식량창고.
** 기근 때 백성들을 구휼하는 식량창고.

선덕여왕善德女王의 전설이 서린 천곡사泉谷寺

지도 왼쪽을 보면 천곡泉谷이라는 두 글자가 보이네요. 천곡은 도음산禱陰山 자락에 있는 천곡령泉谷嶺으로, 고개이름이었어요. 이 고개는 이곳에 석천石泉이라는 유명한 샘 때문에 이렇게 이름 하게 되었지요. 이 샘은 홍수나 가뭄에도 항상 맑은 물이 솟아났어요. 또 이 샘물을 마시면 만병을 고칠 수 있다고 전해져요. 신라 제27대 임금 선덕여왕善德女王은 오랫동안 피부병을 앓았어요. 좋다는 약은 모두 써보았으나 효험이 없었어요. 선덕여왕이 신하들의 권유로 천곡령 아래에 있는 석천의 약수로 며칠간 목욕한 후에는 피부병이 완치되었어요. 선덕여왕은 약수의 효험에 감복하여 서라벌로 돌아와서 자장율사에게 석천이 있는 곳에 절을 짓게 하고 영험한 샘이 나는 골짜기의 의미로 천곡사라 명명했지요. 그런데 이렇게 유서 깊은 절이 기록이 없어 이후의 내력을 알 길이 없었죠. 다만 6.25전쟁 이전까지 절 안에 13동의 건물이 있었다고 전해와요.

조선시대 때의 풍수지리학자인 성지性智가 쓴 《요남비결遼南秘訣·영남조嶺南條》에는 이런 말이 있어요.

삼한 땅이 나눠져서 서로 다툰다.　　　　　　三韓分土, 鼎立相爭
백리 멀리 이르러도 사람과 연기가 없다　　　百里遠距, 人烟絶無
비학산 아래에 포성이 진동하니　　　　　　　飛鶴山下, 砲聲振動
천년 옛 집 하루아침에 재가 된다　　　　　　千年古家, 一朝化塵

첫째 구절은 남과 북이 갈라진 것을 말해요. 둘째 구절은 6.25전쟁으로 사람들의 삶이 피폐해진 것을 말하겠지요. 셋째 구절은 비학산 아래에서도 전쟁이 일어난 것을 말해요. 넷째 구절은 비학산 아래의 전쟁으로 천

천곡사 경내의 모습 왼쪽이 요사채, 가운데가 대웅전, 오른쪽이 삼성각이다

년의 역사를 가진 집이 재가 되었다는 것을 말해요. 후에 어떤 사람은
시 속의 '천년 옛 집'이 바로 천곡사일 것이라고 생각하기도 했답니다.
예언이 적중한 것인지는 몰라도 6.25전쟁으로 천곡사는 정말로 없어지고
말았어요. 지금은 중건되어 옛날의 영화를 보여주고 있답니다. 유물로는
선덕여왕이 목욕한 우물이라고 전하는 석천石泉이 있어요. 또 세조의 어
필御筆이 있었다고 전하나 지금은 전하지 않아요.

주진注津 나루터의 전설

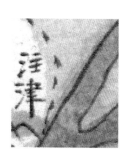

　지도 아래의 형산강 상류 쪽을 보세요. 주진注津이라는 지명
이 보이나요? 진津은 나루터를 의미하니까 이곳은 나루터였음
을 알 수 있어요. 이곳은 흥미로운 전설이 서려 있는 곳이랍니

다. 이곳은 포항의 특산물인 과메기의 유래가 되는 곳이랍니다. 예로부터 청어青魚가 이곳까지 올라와서 많이 잡혔어요. 《동국여지승람》에는 겨울이면 청어가 가장 먼저 잡히는데 그것의 많고 적음으로 풍년과 흉년을 짐작했어요. 또 《경남도읍지慶南都邑誌》(1832)와 《영남읍지嶺南邑誌》(1871)는 영일과 장기에서 '관목청어貫目靑魚'를 진상했다고도 했어요. 꼬챙이로 눈을 뚫어서 말렸는데, 영일만에서는 눈을 의미하는 '목目'을 '메기'라고 불렀어요. 그래서 관메기가 과메기로 불리게 되었지요.

또 이런 전설도 있어요. 고려 초엽, 이곳에 나룻배 사공인 한 노인이 살았어요. 어느 해 형산강이 범람하자, 노루 한 마리가 떠내려 왔어요. 노인은 불쌍히 여겨 배에 건져 올렸어요. 얼마 후 한 소년이 떠내려 왔어요. 노인이 구조하자 기진맥진한 소년은 다시 살아났어요. 또 큰 뱀 한 마리가 강물에 휩쓸려 떠내려가는 것을 보고 구했어요. 이들을 배에 싣고 뭍에 와서 뱀과 노루를 놓아주었어요. 노인은 소년이 고아라는 사실을 알고 양자로 삼았어요. 어느 날 노인이 집에 있을 때 노루 한 마리가 나타났어요. 자세히 보니 전날 물에서 구해 준 노루였어요. 노루는 노인의 옷소매를 끌며 집에서 5리쯤 떨어진 산골짜기로 갔어요. 노루가 이곳을 파보라고 몸짓을 했어요. 땅을 파보니 조그마한 상자가 나왔어요. 상자를 열어보니 금은보화가 가득했어요. 노인은 이를 팔아 논과 밭을 장만해 큰 부자가 되었어요. 그런데 양자가 온갖 불효한 짓을 일삼았어요. 노인이 양자와의 관계를 끊자 화가 난 양자는 영일현 관아를 찾아가 현감에게 양부가 사람을 죽이고 재물을 약탈하여 부자가 되었다고 거짓으로 알렸어요. 이에 노인은 감옥에 갇히고 양자는 계속 불효한 짓을 일삼았어요. 어느 날 큰 뱀 한 마리가 감옥에 나타나 노인을 물었어요. 노인은 상처를 움켜쥐고 고통스러워했어요. 뱀은 또 나타나 풀잎을 노인의 상처 난 곳에 붙여주고 사라졌어요. 자세히 보니 형산강이 범람할 때 구해준 그 뱀이었어요. 상처에 풀잎을 바른 후에는 상처가 말끔히 치유되었어요. 밖에서 현감부인이 큰 뱀에 물려 생명이 위급하다는 소식이 전해왔어요. 노인은 자기가 물렸을 때 뱀이 가져온 풀잎을 현감부인의 상처에 붙여주었어요. 그러자 현감부인의 상처가 거짓말처럼 치유되었어요. 현감은 노인을 풀어주고, 감옥에 오게 된 이유를 물었어요. 노인은 눈물을 흘리면서 자초지종을 말했어요. 현감은 이야기를 듣고 노인을 집으로 돌려보내고, 양자를 체포하여 감옥에 가두었어요. 얼마 후 노인의 호소로 현감은 양자의 죄를 용서해주었어요.

주진은 지금 자취가 사라져 영일대교 일대*라고만 알려져 있을 뿐 그 정확한 위치는 알지 못해요. 과메기가 유래한 곳인데 정확한 위치를 모른다니 아쉽네요.

---

* 배용일 지음, 《포항 역사의 탐구》, 219쪽 주석 88번.

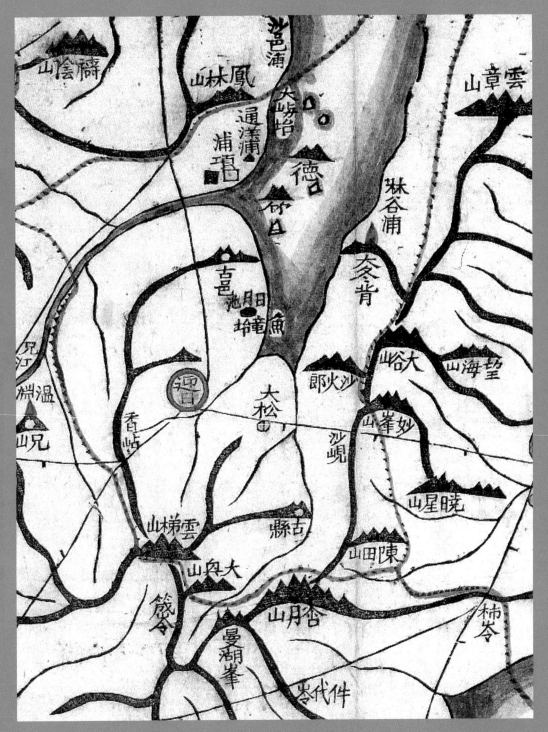

《대동여지도大東輿地圖》(1861) 출처: 규장각한국학연구원

5 《대동여지도大東輿地圖》(1861)에 보이는 포항

초대형 조선 전도

　1861년에 김정호가 제작한《대동여지도》의 일부예요. 김정호는 1834년 《청구도》를 제작한 후, 27년간 백두산을 7차례나 오르는 등 전국을 일일이 답사하는 각고의 노력 끝에 이 지도를 완성했어요.《대동여지도》는 22첩으로 된 병풍식 전국 지도첩이에요. 1첩 한 면의 남북 길이가 약 30cm이에요. 22첩을 모두 연결하면 세로 약 6.6m, 가로 4.0m에 이르는 초대형 조선전도가 되지요. 지도가 워낙 커서 휴대와 열람의 어려운 점 때문에 전국을 동서와 남북 각각 80리와 동일 간격으로 나누어 최북단의 1층부터 최남단의 22층까지 22첩으로 나눠서 수록하여 병풍처럼 접고 펼수 있게 했어요. 산천과 섬·관아와 치소·성과 군사기지·역참·창고·봉수·능침陵寢·도로 등 전국의 모든 상황을 한눈에 볼 수 있게 했죠. 글자는 가능한 한 줄이고, 내용을 기호화하는 등 새로운 방식을 도입하여 현대 지도와 같은 세련된 방식의 지도로 제작하였어요. 정밀도 면에서도 지도를 보는 이들이 모두 놀라 외침의 도구가 될 것을 우려했을 정도였지요. 2016년에 상영된《고산자, 대동여지도》라는 영화가 기억나세요? 고산자는 김정호의 호에요. 이 영화는 김정호가《대동여지도》를 제작하게 된 과정을 흥미롭게 그린 영화에요.

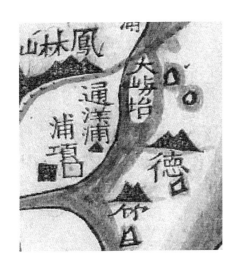

《대동여지도》 속의 포항창

앞의 《청구도》에 비하면 산과 하천 및 도로가 더욱 분명하게 나타나있어요. 특히 산의 표기는 호랑이의 줄무늬처럼 역동적이네요. 《대동여지도》에도 우리 포항의 유래를 알 수 있는 흥미로운 명칭을 볼 수 있어요. 포항을 찾아볼까요. 형산강 하류를 보세요. 포항이라는 명칭이 보이죠? 포항 밑에 '■'와 '□' 표시도 보이네요. 무슨 의미일까요? 대동여지도는 지도제작의 편리성을 위해 새기기 힘든 글자보다는 상징적인 기호를 많이 사용했어요. 이렇게 하면 지도를 일목요연하게 만들 수 있겠죠. '■'는 창고를 의미하고, '□'는 성곽이 없다는 의미에요. 그러니까 포항은 창고이고 성이 없다는 뜻이지요. 성이 없다는 것은 마을이 아니라는 의미이죠. 그러니까 당시 포항은 단순한 식량창고였다는 말이네요.

포항에 설치된 수군기지-통양포通洋浦

포항 옆에는 통양포通洋浦라는 명칭이 보이네요. 그 밑에 '▲'가 보이는군요. 이 기호는 수군기지를 의미하는 '진鎭'을 나타내요. 통양포 이 명칭은 포항창과 더불어 포항의 유래를 이해하는데 아주 중요하답니다. 다른 지도에는 보이지 않는데 이곳 《대동여지도》에는 보이네요. 의미 있는 표기라고 할 수 있죠. 자, 이번엔 통양포에 대해서 알아볼까요.

우리지역은 신라시대부터 왜구의 침략을 빈번하게 받아왔어요. 이에 동해안에서는 왜구의 침략을 방비할 수 있는 수군과 그 기지의 필요성이 대두되었지요. 가장 먼저 수군진水軍鎭을 설치한 곳이 청하의 개포介浦에요. 지금의 월포리月浦里에 해당하죠. 개포의 지형은 해안이 U자 모양으로 육지 안쪽으로 들어가 있고 가장 깊숙한 안쪽은 조금 높은 평지를 이루어 성城과 진鎭을 설치하면 외적의 침입을 막기에 아주 적합한 곳이었지요. 신라 시기에는 군영을 쌓고 병선을 배치했어요. 또 세 곳에 해자를 파서 왜적을 막았죠. 이후 개포는 해문海門이 광활하여 늘 해풍으로 인한 재난이 발생하는 약점을 노출했어요. 이에 천혜의 요충지인 영일현의 통양포로 수군진을 옮겼지요. 《대동여지도》상의 통양포는 바로 여기서 유래했어요. 통양포에 수군진을 두자 군사들이 이곳에 주둔하며 생활하기 시작했어요. 마침내 이 땅에 사람이 살기 시작한 거죠. 이후 변화가 생긴 것은 고려 우왕禑王 13년(1387) 때에요. 당시 왜구의 침략이 극에 달해 고려 조정은 백성들의 생명과 재산을 지키려고 통양포에 수군만호진水軍萬戶鎭을 설치했어요. '만호'는 종4품의 꽤 높은 관직명으로, 무관직이에요. 원래는 민호民戶의 수를 말하는 명칭이었지만 조선시기에 와서는 민호民戶의 수와는 상관없이 진장鎭將의 품위를 나타내게 되겠어요. 숫자가 높으면 품위가 올라갔겠죠? 통양포수군만호진通洋浦水軍萬戶鎭의 설치로 두모포豆毛浦는 영일권의 중심적인 해군전진기지로 부상했어요. 이 수군만호진의 규모는 정확한 기록은 알 수 없지만 조선 초기의 기록을 종합하면 병선이 8척 있고, 기선군騎船軍*이 218명이 주둔했어요. 이를 보면 군사의 규모가 작지 않았어요. 그리고 이로 인한 경제적 파급효과로 포항 마을 형성에 큰 영향을 끼치게 되었던 것이죠. 이들과 거래하려는 다양한 업종의 상인들이 몰려들면서 장시가 형성되었어요. 이로 인해 포항 마을의 형성에 단초가 마련되었지요. 그러나 아쉽게도 통양포수군만호진은

---

* 고려 말기부터 조선 초기의 수군水軍을 일컫는 말.

1510년 칠포만호진漆浦萬戶鎭에 흡수되면서 군사기지로서의 역할을 상실해버려요. 또한 일시에 형성되었던 마을도 다시 쇠락을 길을 걸게 되지요. 군사기지로서의 지위를 계속 가졌더라면 포항의 발전은 아마 더 빨라질 수도 있었을 거예요. 이후 다시 포항의 발전에 기틀을 마련한 것이 바로 1731년에 설치된 포항창이랍니다. 통양포는 지금의 두호동 일대예요. 지금 포항 세무서 앞에 세워진 통양포수군첨사진영기지사적비通洋浦水軍僉事鎭營基址史蹟碑가 바로 통양포의 존재를 알려주는 유일한 유물이에요.

포항세무서 앞에 있는
통양포수군첨사진영기지사적비
通洋浦水軍僉事鎭營基址史蹟碑

죽도竹島와 덕도德島 그리고 대서대大嶼垈

《대동여지도》속 붉은 선은 영일군의 경계를 나타내요. 북쪽 경계에 포항이 속해있어요. 북쪽은 봉림산鳳林山을 경계로 영일군과 흥해군으로 나눠지고 있네요. 영일만 하류에 '죽竹'과 '덕德'이라는 섬이 보이나요. 이 것은 죽도竹島와 덕도德島라는 섬이에요.《대동여지도》에서는 바다에 떠 있는 섬처럼 보이는데 사실은 형산강 하류에 만들어진 섬들이죠. '죽도' 는 지금까지도 전해오는 명칭이에요. 김정호가 쓴《대동지지大同地志》는 죽도에 대해서 "(영일현) 북쪽 16리에 대나무 숲이 있고, 또 옆에 작은 섬이 있다北十六里有竹林又傍有小島"라고 했어요. 덕도는 다른 지도나 문 헌에는 보이지 않아요. 다만《대동지지》에만 보여요. 이 문헌에는 덕도에 대해 "영일현 북쪽의 주진 하류 중에 두 개의 작은 섬이 있다縣北注津下流 中有二小島."라고 설명하고 있어요. 그렇다면 이 두 개의 섬은 어떤 섬을 말할까요? 아래의 지도를 한 번 볼까요?

오른쪽은《대동여지도》보다 11년 늦게 나온《포항진지도浦項鎭地圖》의 일부에요. 두 물줄기 사이에 다섯 개의 섬마을이 보여요. 왼쪽, 즉 상류부

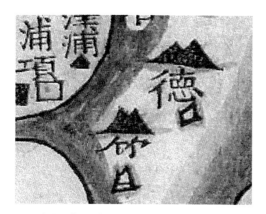

1861년의 《대동여지도大東輿地圖》

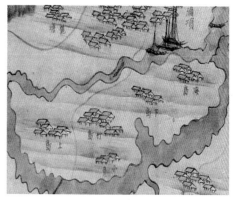

1872년의 《포항진지도浦項鎭地圖》

터 상도上島·죽도竹島·분도分度·하도下島·해도海島에요. 지도를 보면 해도가 가장 바닷가 가까이 있군요. 《대동여지도》를 보면 덕도는 죽도 위에 위치하고 있어요. 또 《대동지지》의 기록에 근거하면 하류 중에 두 개의 작은 섬이 있다고 했어요. 이를 종합해서 죽도 위에 있고 하류에 있는 두 개의 섬은 오른쪽 《포항진지도》를 통해서 봤을 때 하도下島와 해도海島라는 것을 알 수 있어요. '덕도'라고 명명한 것에는 두 가지로 볼 수 있어요. 첫째는 하도와 해도를 통칭해서 불렀다는 것이에요. 둘째는 해도를 현지 사람들은 '홀로 떨어진 섬'이란 의미로 독도獨島라고 했는데, 이 '독'의 발음이 '덕'으로 비슷하게 발음되어 '덕'으로 표기되었다는 것이죠. 아무튼 어느 것이 맞는지는 좀 더 정밀한 고증이 있어야 할 거 같네요. 방금 죽도에 대해 설명한 "또 옆에 작은 섬이 있다"라고 했는데 이곳의 작은 섬은 《포항진지도》를 보면 바로 죽도 아래에 있는 분도라는 것을 알 수 있군요.

통양포 바로 옆의 바닷가에 '대서대大嶼坮'가 보이나요? 이곳은 지금의 칠포 쪽에 있는 큰 바위섬이에요. 1939년에 발간된 《조선환여승람》에 의하면, 바다 한 가운데 특이하게 서 있으며 수십 명이 앉을 수 있고 날이 가물 때는 기우제를 지냈다고 하네요.

연오랑세오녀의 전설이 서린 일월지日月池

일월지 위의 '고읍古邑'은 1832년 영일현의 읍치가 생지동에서 대잠동으로 옮겨가면서 기존의 읍내면이 바뀐 명칭이에요.

포항과 영일 사이에는 일월지日月池와 그 밑의 어룡대魚龍坮도 보이네요. 일월지는 우리 지역의 구전설화인 연오랑과 세오녀의 이야기가 서려있는 곳이에요. 신라시대 때부터 '해달못'이라 부르던 것을 한자가 전래되면서부터 일월지라고 불렀어요. 또 해와 달의 빛이 다시 돌아왔다고 광복지光復池라고도 하지요. 현재 이 못은 동쪽과 서쪽의 직경이 약 250m, 남쪽과 북쪽의 폭이 약 150m로, 총면적 약 5,000평 정도의 원형을 이루고 있어요. 《삼국유사》에 의하면 신라 제8대 임금 아달라왕 즉위 4년(157년)에 신라 땅 동쪽 일월동 바닷가에 연오랑과 세오녀라는 부부가 살고 있었어요. 연오랑은 바다에 나가 고기를 잡았고, 세오녀는 베를 짜며 생활했어요. 두 사람은 금슬이 아주 좋았어요. 어느 날 연오랑이 바다에 나가 고기를 잡고 해초를 따던 중 갑자기 바위가 움직이기 시작하여 동쪽으로 흘러가 일본의 섬나라에 도착하게 되었어요. 그곳 사람들은 바위를 타고 바다를 건너온 사람을 남달리 신비하고 비상한 사람으로 생각하고 연오랑을 왕으로 모셨어요.

일월지의 모습

연오랑이 돌아오지 않음을 크게 슬퍼하던 세오녀는 연오랑을 찾아 헤매다가 연오랑의 신발이 놓인 바위에 올랐어요. 그러자 이 바위는 다시 움직여 세오녀를 연오랑이 있는 섬나라로 데려갔어요. 세오녀는 그곳에서 왕비가 되었어요. 이후 신라에서는 해와 달이 갑자기 빛을 잃고 천지가 어두워졌어요. 이에 놀란 아달라왕이 급히 점을 치게 하니 천지가 어두워진 연유는 연오랑과 세오녀 부부가 바다를 건너가고 없어 이 땅에 해와 달이 빛을 잃었다고 하였어요. 이 말을 들은 왕은 사자를 불러 섬나라에 건너가 연오랑과 세오녀를 이 땅에 다시 불러오도록 명했어요. 그러나 연오랑과 세오녀는 우리는 이미 하늘의 뜻을 좇아 이곳으로 건너와 왕과 왕비가 되었으니 다시 갈 수 없다고 말하면서 왕비가 손수 짠 비단 한필이 있으니 가지고 가서 내가 살던 못가에 단을 쌓고 나뭇가지에 이 비단을 길게 걸고 정성으로 하늘에 제사지내라고 했어요. 돌아와 연오랑의 말대로 하니 기이하게도 빛을 잃었던 해와 달이 빛을 되찾아 신라 땅을 환하게 비추었다고 해요. 이때부터 제사를 지내던 못을 일월지라 했어요.

어룡대魚龍坮의 위치

어룡대는 앞에서 지금의 어룡사라고 했어요. 그런데 그 위치가 조선시대 지도마다 다르게 나타나요. 앞의 《청구도》에서는 형산강 하류의 해도海島 바로 옆에 있었어요. 이곳 《대동여지도》에서는 조금 더 남쪽에 있는 일월지 바로 밑에 있는 것으로 나타나요. 이곳은 대략 지금의 오천 경내에 해당되어요. 어룡대 밑에 흐르는 하천이 바로 운제산에서 발원하여 오천을 지나가는 냉천이에요. 사실 표기된 위치는 다르지만 이상할 것이 없어요. 왜냐하면 어룡대는 특정한 지명이 아니라 영일만의 광범위한 백사장 지역을 가리키는 말이었거든요. 어룡대의 범위는 좁게 보면 지금의 송정동에서 동해면에 이르는 해변을 말해요.《청구도》나《대동여지도》에 나타난 어룡대의 위치도 모두 이 범위 안에 있어요. 그러니 틀렸다고는 할 수 없겠지요. 지도 제작자들마다 자신들이 알고 있던 어룡대의 위치가 조금씩 달랐던 것이겠지요.

《포항진지도浦項鎭地圖》(1872) 출처: 규장각한국학연구원

6 《포항진지도浦項鎭地圖》(1872)에 보이는 포항

《포항진지도》의 가치

《경상도지도慶尙道地圖》에 수록된 《포항진지도浦項鎭地圖》의 일부에요. 촌락이 어느 정도 형성된 것을 보니 우리 고장이 이제 사람이 살아가는 마을이 되어가고 있군요. 이 지도는 이전의 지도와는 달리 마을과 관아 그리고 전체 마을의 분포상황이 그림으로 잘 나타나있어요. 당시 포항의 상황을 이해할 수 있는 중요한 지도라고 할 수 있죠.

포항창진浦項倉鎭의 설치와 의의

1731년에 함경도의 식량난을 구휼하기 위해 이곳에 포항창浦項倉을 두었다는 사실을 기억하시죠? 포항창은 나라에서 세운 식량창고였기 때문에 방어차원에서 군사적인 기능을 갖춘 '진鎭'까지 두었어요. 식량창고와 군사기지로서의 기능을 합하여 '포항창진'이라 불렀죠. 관리와 병사들이 이 땅에 들어오면서 이들과 장사하려는 다양한 경제활동이 일어나겠죠. 이로 인해 인구가 유입되면서 우리 지역의 경제가 활성화되기 시작했어요. 그래서 포항창진의 설치는 향후 포항 발전에 중요한 밑거름이 되었어요. 위의 지도는 포항창진의 설치 이후 모습을 회화식으로 그린 것이에요. 인구의 유입으로 마을이 개척되어가는 모습을 생생하게 보여주지요. 자, 지도 속으로 들어가 볼까요?

섬 위쪽 마을의 모습 – 촘촘히 늘어선 민가와 관청

우선은 형산강의 두 물줄기가 위와 아래로 흐르고 그 가운데에 섬이 하나 있어요. 북쪽의 산 쪽으로는 관아들과 촘촘히 붙어있는 노란색 집들이 보이네요. 관아 건물은 중앙에 큰 건물이 2채 마주하고 있고, 그 주위로 부속 건물 9채가 들어서 있군요. 관아가 총 11채이니 규모면에서는 작지 않군요. 관아 뒤쪽으로는 지금의 수도산으로 보이는 산이 보이네요. 또 산 사이로 연못이 두 곳 보이고요. 관아 옆쪽과 아래쪽으로는 노란 색의 집 97가구가 가지런히 늘어서 있어요. 옛날부터 있었던 집이

라면 이렇게까지 가지런하지 않았겠죠. 이것은 지어진지 얼마 되지 않은 마을임을 보여주는 것이겠네요. 집들이 향한 방향은 모두 바다 쪽이네요. 바다 쪽은 해가 뜨는 동쪽방향이에요. 아무래도 햇볕이 잘 드는 곳이니까 모두 이 방향으로 향했겠군요. 지금의 포항과는 상상이 잘 안가죠? 관아를 중심으로 한 노란색 지붕의 집들이 밀집된 곳이 바로 지금의 포항 시가지로 보면 되겠네요. 관아 뒤쪽의 산 가까이에는 신흥新興이라고 되어있어요. 이곳은 지금의 신흥동에 해당하죠. '신흥'은 '새로이 흥성한다'는 의미이니 당시 포항과 잘 맞아 떨어지는 이름이군요. 관아 북쪽을 보면 동그라미 안에 장시場市라는 글자가 보이는군요. 이곳이 장터가 열리는 곳인가 봅니다. 장터가 마을 한 가운데 있지 않고 약간 떨어진 북쪽에 있는 것이 특이하군요. 장터 옆쪽에는 여천余川이 보이네요. 조선시대 때 흥해군 동상면東上面에 속했던 지역이에요. 이곳에 여천원余川院이 있어 여천으로 불렀죠. 여천원은 조선시대 여행자들에게 편의를 제공하던 시설이었어요. 1914년 행정구역 통폐합 때 여천동으로 불리다가 영일군 포항면浦項面에 편입되었지요. 일제강점기 때는 고급 시장과 역마정류소가 설치되어 거리가 활기찼다고 하네요.

시대적 분위기를 말해주는 척화비斥和碑

이번에는 강가로 나가볼까요. 비석이 하나 보이는군요. 지도에까지 나온 것으로 봐서 뭔가 상징성이 있는 비석 같군요. 이것은 척화비斥和碑에요. 척화비란 흥선대원군이 서양제국주의를 경계하려고 전국 각지에 세운 비석이에요. 고종 3년(1866) 프랑스가 조선을 침략한 병인양요가 일어나자, 흥선대원군은 "서양 오랑캐가 침입해오는데 그 고통을 이기지 못해 화친을 주장하는 것은 나라를 팔아먹는 것이며, 그들과 교역하면 나라가 망한다."는 내용의 글을 반포하며 쇄국 의지를 강하게 천명했어요. 이후 1871년 미국이 조선을 침략한 신미양요가 일어나고, 미군이 강화도에서 조선군과 싸운 뒤 4월 25일 퇴각하자, 흥선대원군은 쇄국정책을 더욱 강력히 추진하겠다는 의지를 표명하죠. 이에 서울 종로 네거리·경기도 강화·경상도 동래군과 경주 등 전국 각지에 척화비를 세웠어요. 우리 지역에서도 흥해·연일·장기·청하 등에 세웠지요. 1905년 을사조약 이후 일본인들이 이 척화비들을 모두 철거해버렸어요. 우리 지역에는 장기와 흥해에 척화비가 남아 있어요.

장기 척화비의 모습 경상북도 문화재 자료 제224호로 지정되어있다.

사암으로 된 이 척화비는 장방형 판석으로 6면을 깍은 다음 앞면에 글자를 새겼어요. 이 비석은 원래 장기읍 성내에 있던 것을 1951년 4월 초에 장기 지서 입구에서 발견하여 지금 장기면 사무소 정원 좌측 도로변에 세워두었다가 1990년 12월 1일 현재의 자리로 옮겨왔지요. 지도에 나온 척화비와 모양이 같네요. 척화비는 당시 흥선대원군의 주창 아래 세워졌기 때문에 모양과 비문이 모두 같았어요. 비문을 한 번 볼까요? "양이침범비전즉화주화매국洋夷侵犯非戰則和主和賣國"이라고 되어있군요. 해석하면 "서양의 오랑캐가 침략하는데 싸우지 않으면 화친하는 것이고, 화친을 주장하는 것은 나라를 팔아먹는 것이다."에요. 지도 속 척화비 역시 이 무렵에 세워진 것이죠. 우리 고장도 왜적의 침입이 빈번했으니 당연히 이곳에도 척화비를 세운 것이겠죠. 이 지도가 1872년에 나온 것이니까 세워진 시기도 대략 맞아 떨어지는군요.

강변 쪽의 모습

위쪽 물줄기의 하류 쪽에는 배 세 척이 정박해있군요. 배의 돛이 높은 것으로 보아 제법 큰 배로 보이네요. 지도상으로는 상징적으로 3척만 그려놓은 것이지만 《경상도읍지》나 《영일현읍지》의 실제 기록을 보면 식량을 실어 나르는 배가 14척이 있었다고 해요. 이 배들이 경주·흥해·영일 등의 쌀을 거두어 함경도로 운송했던 거지요. 이점만 봐도 포항창진의 규모가 작지 않았음을 알 수 있겠네요. 배들이 정박한 곳은 지금 남빈동

일대로 추측할 수 있어요. 산 가까이 검은 지붕의 작은 관아 한 채가 보이나요? 이것은 사창社倉이에요. 곡물을 대여해주는 기관이지요. 그래서 관공서처럼 지어졌어요. 사창은 봄에 식량이 부족할 때 농민들에게 식량을 빌려주고 가을에 추수할 때 이자를 받았어요. 이 사창은 포항 발전의 단초를 마련한 포항창일 가능성이 있어요. 왜냐하면 이 무렵 포항창은 함경도를 구휼하는 창으로서의 기능은 상실하고 영일군에 속한 식량창고로서 지역민을 위한 구제창의 역할을 수행했기 때문이지요. 아무튼 포항창의 흔적을 확인할 수 있어 흥미로운 부분이군요.

섬 안쪽의 모습-상도동·해도동·죽도동의 탄생

자, 이제 두 물줄기 사이에 있는 섬으로 가볼까요? 두 물줄기 중 위쪽 물줄기가 칠성천이에요. 형산강의 지류이지요. 칠성천은 죽도동과 양학동을 거쳐 남빈동 사거리를 지나 바다로 흘러가지요 지금은 복개되어 볼 수 없어요. 아래쪽 물줄기가 형산강의 본류예요. 지금도 포항의 중심을 지나 도도하게 흐르고 있는 강이죠. 이 섬들은 앞에서도 말했지만 상

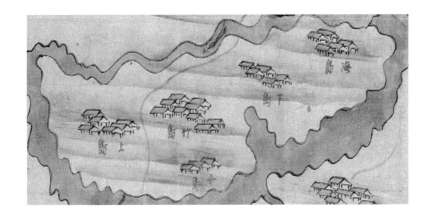

류의 토사들이 오랜 시간을 거치면서 쌓여서 형성된 것이에요. 계속 쌓이다보니 점차 강물보다 더 높아져 자연스럽게 육지가 된 것이죠. 이 무렵에는 앞에서 본 지도 속의 두 개의 섬이 하나로 합쳐져 지금처럼 이렇게 되었어요. 그래서 이렇게 섬 안에 사람들이 들어가 살기 시작한 것이에요. 이곳은 지금의 포항에서는 죽도동과 해도동 일대에 해당되어요. 죽도와 해도가 섬이었다니 신기하죠? 포항의 지명들을 잘 풀어보면 그곳이 옛날 어떤 곳이었는지를 알 수 있답니다. '죽도'만 해도 대나무를 의미하는 '죽'과 섬을 의미하는 '도'이죠. 그래서 이곳에는 대나무가 많이 자라는 섬이었음을 알 수 있는 것이죠. 지도를 보면 섬이라는 점은 확실히 이해할 수 있어요. 섬 안에는 다섯 곳에서 총 28가구가 살고 있네요. 왼쪽부터 상도上島 · 죽도竹島 · 분도分島 · 하도下島 · 해도海島에요. 이중 지금도 사용하는 지명은 어떤 것일까요? 네, 맞아요. 상도동 · 죽도동 · 해도동이에요. 분도는 1912년에 대도동大島洞으로 동명이 바뀌어요. 1914년에는 대도동이 하도를 또 흡수하여 지금까지 이어져 오고 있죠. 그러고 보니 분도와 하도는 대도동으로 바뀐 것을 알 수 있군요.

상도동의 모습

상도는 형산兄山에서 보면 맨 위쪽에 있었다고 하여 붙여진 이름이에요. '상'은 '위쪽'을 의미하지요. 형산강 제방공사 이전에는 비만 오면 다섯 개의 섬이 뚜렷하게 보였는데, 이 섬은 규모가 크고 높게 보여 어선 · 상선 · 무역선이 부조항扶助港에 가기 전에 잠시 쉬어 가기도 했어요. 그래서 처음에는 쉬어간다고 하여 뱃머리 · 쉼머리 · 쉼터로 부르기도 했죠.

해도동의 모습

해도는 바다와 가까워 수시로 바닷물이 올라왔기 때문에 일찍부터 염전이 형성된 곳이에요. 염전으로 인해 사람들이 들어오면서 마을이 점차 형성되었죠. 이곳에서 생산된 소금은 품질이 좋고 윤택하며 빛이 고와서 마을 이름을 금산동金山洞이라 부르기도 했지요. 조선 시대 말에는 따로 떨어진 섬이라 하여 딴섬 내지 독도獨島라고도 불렀어요. 조선시대 말 형산면兄山面에 속했을 때부터 해도동으로 불렀어요. 형산강 제방공사가 끝난 뒤에는 포항읍에 편입되었어요. 1968년 포항제철이 건설되기 전까지만 해도 염전이 형성되어 갈대밭이 무성했어요.

죽도동의 모습

죽도는 용흥동과 경계를 이루고 있어요. 남부초등학교 앞을 지나 칠성천 뒤쪽에서 물이 넘쳐 들어오는 것을 막기 위해 대나무를 심었는데, 대나무가 많다 하여 대나무섬, 죽도라고 불렀어요. 죽도는 지대가 낮고 갈대가 우거지고 항상 물이 고여 있는 쓸모없는 땅이었지만 형산강 제방공사와 항만공사를 한 뒤부터 시장까지 배가 닿는 유일한 섬이 되었어요.

섬 안쪽 마을의 개발과 의의

섬 마을 중에 죽도의 가구 수가 가장 많네요. 상도와 죽도를 지나가는 옅은 빨간색은 길이에요. 이 길은 칠성천을 건너 북쪽의 마을과 관아로 연결되네요. 섬에 정착한 사람들은 이곳이 토사가 쌓인 비옥한 지대라서

농사를 짓기 시작했을 거예요. 위쪽 관아가 있는 곳보다는 상대적으로 한적하게 느껴지지만 이 일대를 최초로 개발하기 시작한 사람들이라는 점에서 의미가 있는 모습이지요. 그 아래 남쪽으로 형산강을 건너면 두 곳에 12가구가 들어와 있어요. 바로 송정松亭과 송내松內에요. 이 두 마을을 대해서는 다음 장에서 이야기해드릴게요.

《영일현지도迎日縣地圖》(1872) 출처: 규장각한국학연구원

7 《영일현지도迎日縣地圖》(1872)에 보이는 포항

조선 조정에서 마지막으로 편찬한 군현 지도

《경상도지도》의《영일현지도》부분 중 포항 지역만 확대한 것이에요. 이 지도는 조선 조정에서 마지막으로 편찬한 전국 규모의 군현郡縣 지도에요. 군현 지도 중에서 내용이 가장 상세하고 정밀하다는 평가를 받지요. 또한 개항 후 변모되기 직전 군현의 모습을 그리고 있어 조선시대 경상도 각 지역의 초상화라고 할 수 있는 지도죠. 제작 시기는 앞의《포항진지도》와 같은 시기에 나왔고요. 전체적인 지형은《포항진지도》와 유사하지만 가구 수가 더 많아졌어요. 지도의 더 넓은 지역에서 촘촘하게 들어선 집들을 볼 수 있어요.《포항진지도》와 같은 시기에 우리 포항의 또 다른 특징들을 보여주는 중요한 지도에요. 자, 어떤 정보를 담고 있는지 지도 속으로 고고!

섬 위쪽 마을의 변화

이번에도 가장 위쪽 마을부터 가볼게요. 산을 배경으로 마을과 관아들이 줄지어 서있군요. 이젠 산 사이로 민가들이 들어선 모습도 보이네요. 인구의 유입으로 주거지가 계속 확대된 것이겠죠. 관아의 위치는《포항진

지도》에 본 것과 별 차이가 없네요. 검은 색 지붕의 큰 건물 6채가 들어서 있군요. 지도에는 관아가 포진浦鎭으로 나와 있어요. '포진'은 포항에 둔 군사기지인 '포항진浦項鎭'을 줄여서 한 말이에요. 위쪽 마을의 모습은 《포항진지도》와 비교했을 때 다른 점이 두 가지 있어요. 찾을 수 있나요? 첫째는 관아 북쪽에 《포항진지도》에 보이지 않던 마을들이 들어선 점이에요. 이것으로 인해 《포항진지도》보다 마을의 구성이 더욱 촘촘해진 느낌을 줘요. 그만큼 이 무렵, 즉 19세 후반 포항에 사람들이 많이 살기 시작했다는 것이겠죠. 둘째는 장시場市와 사창社倉이 모두 바닷가 쪽에 있는 것이에요. 장시와 사창은 아무래도 사람들과 밀접한 관련이 있는 시설이기 때문에 사람들의 왕래가 잦은 곳에 있는 것이 편리하겠죠. 지도에서 보면 장시와 사창 사이에 나루터가 있네요. 장시와 사창 그리고 나루터를 부지런히 오가는 사람들이 어우러져 북적였을 옛 포항의 모습이 눈에 선하게 그려지는군요. 특히 장시의 경우 관아 북쪽의 아무 것도 없던 곳에 있던 《포항진지도》의 경우보다 확연히 좋은 곳에 위치하고 있음을 알 수 있네요.

포항리浦項里 · 학잠리鶴岑里 · 득량리得良里의 등장

이제 아래로 내려와 볼까요. 가장 큰 특징은 마을 이름이 나와 있는 것이에요. 글자가 다소 희미한데, 자세히 보면 포항리浦項里 · 학잠리鶴岑里 · 득량리得良里라고 되어있어요. 지도를 보면 방금 앞에서 본 지역이 포항리라는 것을 알 수 있어요. '리'는 동洞보다 큰 마을을 나타낼 때 쓰는 행정구역단위에요. 포항리는 북쪽의 관아를 중심으로 한 마을이에요.

총 48가구가 들어서 있군요. 이 일대에서는 가장 중심이 되는 마을이라고 할 수 있겠네요. 포항리 바로 아래에 있는 마을이 학잠리에요. 뒷산의 모양이 학이 내려앉은 형국 같다하여 이렇게 이름 했다고 전해요.  1년에 한 번 동제洞祭를 지낼 때 나무를 깎아 만든 학을 제단 위에 올려놓고 제사를 드리는 풍습이 있다고 하네요. 지도에는 총 8가구가 보여요. 득량리는 가장 남쪽에 있어요. 이곳 골짜기에 흐르는 냇물을 경계로 왼쪽 편을 이렇게 불렀어요. 이곳에는 좋은 못이 있어 그 덕에 농사가 잘 되어 양식 걱정이 없었다고 해요. 그래서 마을 사람들은 '훌륭한 것을 얻었다'는 의미로 '득량'이라는 이름을 지었다고 전해와요. 총 7가구가 보이는군요. 전체적으로 학잠리와 득량리는 포항리보다는 아직 사람들이 많이 살지 않음을 알 수 있네요.

섬 안쪽 마을의 변화-늘어난 민가

두 물기 사이의 섬을 볼까요?《포항진지도》처럼 다섯 곳에 마을이 형성되어 있군요. 글자가 희미해서 잘 보이진 않지만《포항진지도》에 나온 상도·죽도·분도·하도·해도로 짐작이 가는군요. 가구 수는《포항진지도》의 28가구보다 배로 늘어난 46가구가 있어요.  그리고 민가 주위로 갈대가 고슴도치 털처럼 무성하게 자란 것이 보이고요. 상도에는 경주와 안강安康에서 들어오는 붉은 실선으로 된 길이 연결되어 있네요. 또 상도와 죽도 사이에도 붉은 실선으로 된 길이 죽도·하도·해도를 거쳐 포항리까지 연결되고 있군요.

영일과 포항을 이어주는 나루터-북리北里

아래쪽 물줄기 남쪽으로는 세 곳에 마을이 형성되어 있어요. 왼쪽에 북리北里가 있고, 오른쪽에 송정리松亭里와 송내리松內里가 있군요. 송정리와 송내리는《포항진지도》에도 그대로 나오는 지명이에요. 북리는 조선시기 영일에서 포항으로 가는 나루터가 있던 곳이에요. 실제로 이 마을 앞에는 진선津船이라는 나루터의 배가 있어요. 이 나루터를 이용해 영일군의 사람들은 두 물기 사이의 섬을 거쳐 포항리의 관아까지 갔겠군요.

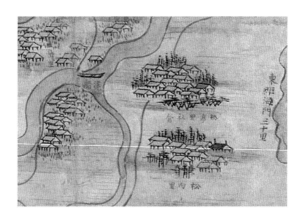

송림의 마을-송정리와 송내리

이쪽 지역은《포항진지도》에 보이는 것보다 마을의 세대수가 크게 늘어났어요. 송정리는《포항진지도》에서 7채이던 것이 14채로 늘어났고, 송내리는 5채에서 11채로 늘어났네요. 송정리는 형산강 하류에 바다와 인접한 마을이에요. 지리적 이점 때문에 18세기 후반부터 약 200년간 경주

포항제철소가 들어서기 전의 송정동·송내동·동촌동 전경(1969) 출처: 포항시사진DB

시 강동면 윗부조시장과 연일읍 중명리 아랫부조시장이 번성할 당시 대송진大松津이라는 나루터가 있어 포항 바닷길의 중심이 되었죠. 영일만 쪽으로는 어룡사魚龍沙의 일부인 아름다운 해변이 길게 펼쳐졌어요. 여름이면 많은 사람들이 이곳에서 해수욕을 즐겼어요. 또 바닷가에는 장장 20리 걸쳐 수천 그루의 소나무로 조성된 대송정大松亭이라는 울창한 송림이 있어 장관을 이루었다고 전해요. 특히 파도가 높고 바람이 세찬 날에는 모래들이 마구 날려 마치 소나무에 백설이 분분하게 내리는 장관을 연출했다고 하죠. 이를 보려고 전국의 시인묵객들의 발길이 끊이지 않았어요. 형산교가 생기기 전 인근 괴동·장흥 등지의 주민들은 농한기에 꼰 새끼뭉치나 근해에서 잡은 고기들을 이곳을 통해 염동골, 즉 송도를 거쳐 동빈 부두나 죽도시장에 팔아서 생계를 유지했어요. 송내리는 형산교 밑 강가에 길게 위치한 마을이에요. 주민 일부는 갈밭에서 농사를 짓거나 형산강에서 고기잡이를 했어요. 소나무 숲이 있는 안쪽에 있다하여 마을 이름을 '솔안' 내지 '송내'라고 했죠.

　이렇게 보니까 이 지도는 사진기가 없는 시절 포항 지역의 모습을 아주 생동적으로 보여주는 귀한 자료에요. 관청과 집들의 분포, 마을 이름과 위치, 지형 변화를 앞의 어떤 지도들보다 잘 보여주는 점에서 눈여겨볼 지도에요.

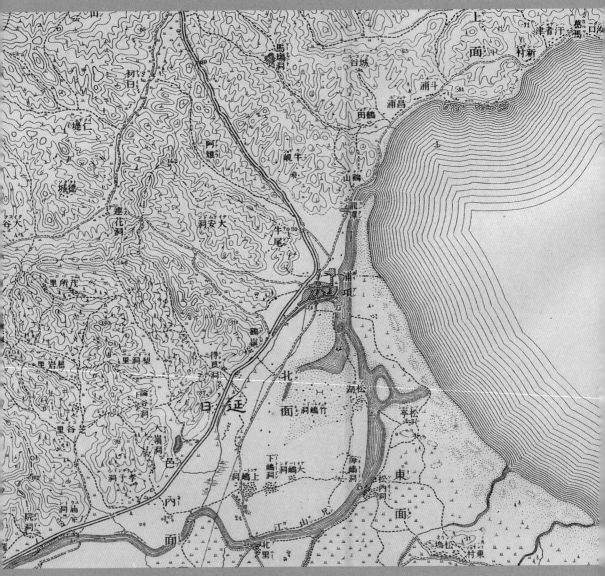

《조선총독부지도》(1913) 출처: 국립중앙박물관소장의 조선총독부박물관문서

8 《조선총독부지도》(1913)에 보이는 *포항*

《조선총독부지도》란

《조선총독부지도》는 19세기 말에서 20세기 초 일본인들에 의해 제작되어 조선총독부박물관에서 사용 보관된 지도를 말해요. 당시 제작된 지도는 대부분 지형도에요. 3차에 걸쳐 제작되었지요. 이 지도 역시 그중의 하나지요. 지도는 50,000분의 1 축척으로 포항 지역을 그렸어요. 당시 이렇게 정교하게 지도를 그렸다는 것이 놀라울 따름이에요. 조선시대에 나온 지도보다 모든 면에서 정교한 편이에요. 이 지도를 통해서 100여 년 전 포항의 모습을 구체적으로 알 수 있답니다. 지도는 연도가 오래되다 보니 색깔이 누렇게 바래있어요. 자, 지도 속으로 들어가 볼까요.

포항면浦項面으로의 승격

당시 포항은 행정구역상 영일군의 북면北面에 속했어요. 그런데 지도상에는 연일延日로 되어있네요. 연일은 영일에서 유래했어요. 영일은 신라시대의 근오지현斤烏支縣이 고려 태조 23년(940년)에 영일현으로 바뀌

포항항(浦項港) 전경 지금의 동빈내항으로 유입된 형산강이 학산동 일대에서 굽이돌아 바다로 흘러가고 있다. 동빈내항의 오른쪽으로 포항시내와 수도산이 보인다. 그 왼쪽은 송도해수욕장이다. 출처: 《조선신문》(1926년 9월 12일자)

면서 부른 명칭이예요. 북면이라고 한 곳은 위치상으로 영일군의 북쪽에 있었기 때문이지요. 동쪽의 송정과 송내는 영일군의 동면東面에 속했지요. 서쪽에는 읍내면邑內面이 있고요. 사실 포항은 이 지도가 나온 이듬해인 1914년 3월 1일에 포항면浦項面으로 승격되어요. 포항면은 흥해군 동상면東上面의 25개 동, 영일군 북면北面의 8개 동, 읍내면邑內面과 효자동孝子洞의 일부, 동면東面의 송호동松湖洞 및 오늘날의 포항 시내 중심 마을 16개 동을 흡수하여 신설되었지요. 이를 계기로 포항은 1731년 포항창진이 설치된 이후 또 한 단계 도약할 수 있는 기틀을 마련하지요.

미개발된 북구 쪽의 모습

지금의 북구 쪽은 대부분이 산이고 개발이 제대로 이뤄지지 않았어요. 해안가 쪽도 이렇다 할 마을이 형성되지 않은 것처럼 보이네요. 그러나 우리에게 익숙한 지명들은 많이 보이는군요. 학산鶴山·학전鶴田·우현牛峴·창포昌蒲 등이 있네요. 창포 위의 두포斗蒲는 지금의 두호동을 말하겠죠? 이로 보면 북구 쪽에는 이렇다 할 마을이 형성되지 않았음을 알 수 있죠.

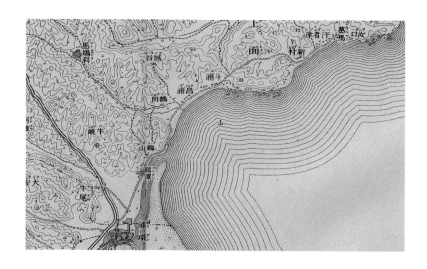

근대화되어 가는 포항 시내와 포항산浦項山

　이제 좀 더 내려와서 포항 시내를 둘러볼까요. 지도 가운데를 보세요. 다소 검게 사선으로 칠해진 부분이 바로 당시의 포항 시가지에요. 좀 더 확대해서 볼게요.

　우측으로 흐르는 강은 형산강이에요. 지금의 동빈내항이죠. 남쪽에서 흐르는 강은 칠성천이에요. 칠성천은 동빈내항과 합류하여 바다로 흘러가요. 칠성천이 형산강과 합류하는 지점이 바로 지금의 남빈동 사거리의 가구거리를 지나 죽도시장으로 가는 길이랍니다. 지금은 복개되어 물길을 알 수 없게 되었지요. '1.5'라고 표기된 것은 이곳의 수심이 1.5m라는 것을 말해줘요. 사선으로 그어진 부분이 지금의 포항 시내일원이에요. 100여 년이 지났어도 도심의 위치는 변함이 없군요. 이곳은 구 포항역과 죽도시장의 동빈내항 쪽에서 육거리 일대까지 포함

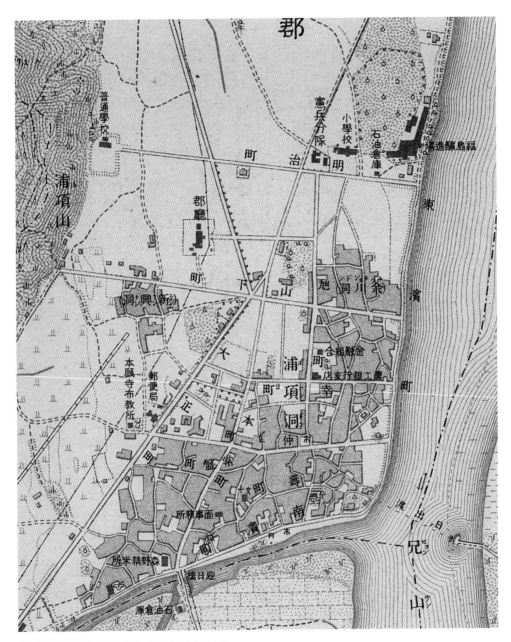

조선총독부지도(1918년) 출처: 국립중앙박물관소장

하는 지역이에요. 시내 쪽 지도를 좀 더 자세하게 볼까요.

좌측은 1918년에 제작된 포항《조선총독부지도》속 포항 시내 모습이에요. 시내의 변화를 더 자세하게 담고 있어요. 지도 가운데에 산하정山下町이라는 거리에 육거리가 보이네요. 좌측의 산 쪽으로 가면 포항산浦項山이 보이고요. 포항산이 바로 지금의 수도산水道山이랍니다. 포항산은 원래 백산白山이라고 했어요. 조선시대 세조世祖의 왕위찬탈에 항거한 모갈거사茅葛居士라는 분이 수도산에 은둔하다가 순절한 후 그 충절을 기리기 위해서 모갈산茅葛山이라고도 했지요. 현재 모갈거사순절사적비茅葛居士殉節史蹟碑와 모갈정茅葛亭이 남아있어요. 이후 일제

수도산에 있는 모갈거사순절사적비
茅葛居士殉節史蹟碑

시기인 1923~1926년에 상수도를 놓을 때 배수지를 이 산에 설치한 후로 수도산이라 했어요. 이 지도가 1918년에 제작되었으니, 당시 일본인들이 이 산의 원래 이름을 몰랐을 가능성이 있었어요. 그래서 단순하게 포항산이라고 불렀던 거 같아요. 포항산 자락에 '보통학교普通學校'라고 글자가 보이네요. 지금의 포항초등학교로 보여요. 지금의 북구청 자리에 있었던 군청郡廳도 그대로 보이군요. 《포항진지도》에서 본 신흥동新興洞도 보여요. 이밖에도 면사무소·은행·우체국·소학교·양조장·석유창고 등도 보이고, 헌병분대憲兵分隊 같은 것도 있네요. 헌병은 일본경찰을 말하는데 당시 많은 일본인들이 포항에 들어온 관계로 이 지역의 치안을 담당하기 위해 설치한 거예요. 헌병분대는 1919년 8월 20일 경찰제도가 시행됨에 따라 폐지되었어요. 1921년 10월 10일에는 포항경찰서로 개칭되어 우리지역의 치안을 담당하게 되었죠. 아래쪽 칠성천에는 죽도에서 포항 시내로 넘어가는 영일교迎日橋라는 다리도 보이네요. 이렇게 보면 이 무렵 포항은 근대화된 도시로서 사회기반시설을 갖춰가는 과정에 있음을 알 수 있어요.

1926년의 포항시내 거리. 오른쪽에 2층의 현대식 건물도 보인다.
출처: 《부산일보》(1926년 3월 15일자)

현 동빈내항으로 연결된 칠성천의 영일교 모습(1920년) 출처: 포항시사진DB

사라진 섬과 물줄기

　이번에는 포항 시내에서 남쪽으로 더 내려가 볼게요. 멀리서 보면 사람의 위장처럼 보이죠? 이곳이 바로 조선시대 나온 지도들에서 두 물줄기 혹은 세 물줄기에 한 개 혹은 두 개의 섬으로 표기되었던 곳이랍니다. 이 지도를 보면 위쪽의 물줄기는 거의 사라졌고 섬들도 보이지 않는군요. 이것은 포항의 지형변화에서 가장 흥미로운 부분이지요. 이보다 약 40년 전에 나온 《포항진지도》와 《영일현지도》만 보더라도 두 물줄기에 가운데 섬이 있음을 확인할 수 있었는데 지금은 육지와 완전히 합해진 모습을 하고 있어요.

2009년 1월에 발견된 1928년 포항시가도 출처: 포항시사진DB

상도동, 대도동 일대(1910년) 출처: 포항시사진DB

대잠동 쪽에서 바라본 상도·죽도·해도 지역 시가지 출처: 포항시사진DB

섬 안쪽 마을의 명칭과 지형의 변화

섬 안쪽 마을의 지명에도 약간의 변화가 생겼어요. 원래 상도·죽도·
분도·하도·해도가 있었죠. 그런데 지금은 상도동·하도동·대도동·해
도동·죽도동으로 변했네요. 분도가 사라지고 대도동이 생겨났어요. 죽
도동의 경우는 아직도 물줄기 흔적이 남아있어요. 물줄기가 제법 크게

섬 안으로 깊이 들어와 있어요. 위쪽 물줄기인 칠성천은 이 무렵 완전히 육지로 변하여 다섯 개의 섬으로 이뤄진 곳이 하나가 되었어요. 위의 좁은 면적의 포항 시내에는 사람들이 더 많이 거주할 수 있는 곳이 생긴 것이죠. 또 위치상으로도 차이가 있어요. 《포항진지도》를 보면 해도의 경우 형산강 하류 바다가 쪽에 위치한 것으로 나오는데 《조선총독부지도》를 보면 바닷가 쪽이 아닌 형산강 본류에 붙어있다는 것을 알 수 있어요

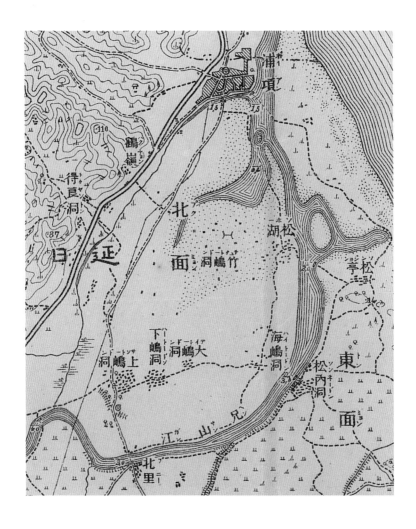

지금의 포항으로 보면 《조선총독부지도》가 더욱 정확해요. 후대로 올수록 지도 제작이 더욱 정밀해지는 이유 때문이겠지요. 조선시대 때는 눈으로 보고 대략적으로 그렸다고 봐야겠죠. 그렇다고 지도의 가치를 폄하해서는 안 되겠죠?

이 지도의 모습은 현재 모습에 아주 근접해있어요. 포항의 발전은 포항 시내를 중심으로 남쪽에 있는 다섯 섬들을 개척하면서 발달하고, 북쪽에서는 해변 쪽과 인근 산을 개발하면서 시작되어요.

육지 안의 섬 마을-딴봉마을

또 하나 눈여겨 봐야할 것은 우측에 송호松湖와 송정松亭 사이에 있는 섬이에요. 찾으셨나요? 형산강이 동빈내항과 송정동 두 갈래로 분류하면서 생긴 섬이에요. '또 다른 섬'의 의미로 딴봉마을로 불렸어요. 1960년대 말 포항제철소 건설을 위해 형산강의 물 흐름을 바꾸고 직강화공사를 하면서 수몰되었어요. 당시에는 100여 호가 살았던 꽤 큰 마을이었답니다.

개척되는 섬 안쪽 마을

섬 안을 보면 점선으로 나눠져 있는 것을 볼 수 있어요. 점선은 바로 길이에요. 점선으로 보면 상도동·하도동·대도동·해도동·죽도동으로 나눠져 있는 것을 볼 수 있어요. 그리고 상도동과 하도동에는 민가들이 많이 몰려 있는 것을 볼 수 있군요. 이미 섬의 남쪽은 사람들이 정착했음을 알 수 있어요. 북쪽의 죽도동 쪽에는 점선들이 많이 찍혀 있는 것을 볼 수 있는데 이것은 모래에요. 강의 퇴적물이 쌓여 있는 지역이지요. 그래서 이들을 피해 민가들이 듬성듬성 흩어져 있어요. 이 지도로 보면 당시 섬 안에서의 중심지는 상도동으로 추측이 되어요. 왜냐하면 민가가 가장 많이 몰려 있고, 남쪽의 영일군을 거쳐 포항 시내로 가는 길목이었기 때문이에요. 상대적으로 북쪽 섬은 아직 완전하게 육지화가 안 되어 민가가 드물었어요.

《조선총독부지도》(1936) 출처: 국토정보플랫폼

9 《조선총독부지도》(1936)에 보이는 포항

1930년대 유일한 포항 지도

이 지도는 1936년 조선총독부가 발행한 지도에요. 지도에는 '소화昭和 11년'이라고 되어있어요. '소화'는 히로히토 국왕이 사용한 연호에요. '소화'는 1926년부터 시작하니까 '소화 11년'은 1936년이 되겠네요. 이 지도도 당시 포항 모습을 앞 지도처럼 정밀하게 그렸어요. 다만 거리이름을 보면 일본식 명칭이 많이 보여요. 특히 지명마다 끝에 정町자를 붙인 것이 많아요. '정'자는 지금의 동洞에 해당해요. 남빈정南濱町은 남빈동의 의미겠죠. 이 지도는 1913년 지도보다 33년 정도 늦게 제작되어서 그런지 포항의 여러 가지 변화된 모습들을 보여줘요. 제가 찾아본 바로는 1945년 광복 전까지 이 지도가 유일해요. 그래서 1930년대 포항의 발전상을 이해하는데 귀중한 지도라고 할 수 있죠.

포항읍浦項邑으로의 승격

　포항 시내 부분만 발췌한 거예요. 1913년 지도와 차이가 느껴지나요. 지형적으로는 큰 변화가 없는 것 같죠? 오른쪽으로 동빈내항이 흐르고, 아래로는 칠성천이 여전히 흐르고 있군요. 또 그 아래로 죽도동 일부가 보이고요. 다만 도시의 규모는 30여년이 지난 것이니만큼 큰 변화가 감지되어요. 도시 발전에서 30년은 큰 시간이거든요. 행정구역상으로 시내 쪽은 포항동浦項洞으로, 북쪽은 학산동鶴山洞으로 표기되었군요. 그러니

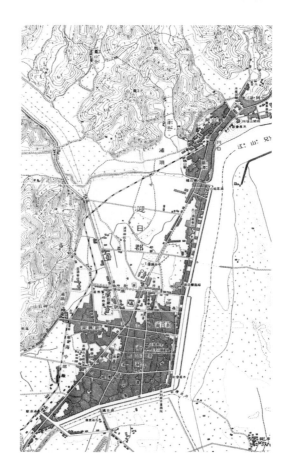

까 포항이 아직 시 전체를 나타내는 명칭은 아닌 것이죠. 지도상으로는 영일군에 속한 것으로 나타나요. 그런데 포항은 1931년 4월 1일에 읍으로 승격되는데, 이 지도에서는 아직 반영되지 않은 거 같네요. 당시 전국적으로 41개 마을이 읍으로 승격되었어요. 그중 경북에서 5개 읍이 탄생했는데, 그 하나가 포항읍이었어요. 면으로 승격된 지 15년 만에 다시 읍으로 승격된 것이지요. 이 지도를 통해 도시 규모가 계속 확장되어갔음을 확인할 수 있어요.

거주영역의 확대와 늘어나는 인구

거주영역이 1918년 지도보다 많이 확장된 것이 보이나요? 그만큼 인구유입이 지속적으로 이뤄지고 있었다는 반증이겠지요. 통계에 의하면, 1938년 포항에는 한국인 22,957명, 일본인 2,526명, 중국인 23명으로 총 25,206명이 거주한 것으로 나타나요. 이는 1920년 기준보다 약 4배나 많은 수치죠. 불과 18년 만에 인구가 4배 늘어났으니 주거지역이 확장되어간 것도 당연하겠죠.

일제강점기 포항의 인구변화[*]

	1914년	1920년	1926년	1931년	1938년	1942년
한국인	3,026	4,954	7,719	14,102	22,957	32,448
일본인	1,260	1,604	2,793	2,386	2,526	2,775
중국인			56	30	23	28
합계	4,286	6,554	10,568	16,518	25,206	35,251

[*] 윤은정 저, 《포항시 초기 도시 형성에 포항창·포항진이 미친 영향에 관한 연구》, 한양대학교 석사학위 논문, 2001년 12월, 92쪽.

거주지역의 확장은 위의 지도를 보면 바닷가를 따라 확장되었음을 알
수 있어요. 상대적으로 섬 안쪽은 아직 개발이 이뤄지지 않았음을 볼 수
있어요.

학산동까지 이어진 철로

남쪽에는 포항역이 들어섰어요. 포항역의 설치와 업무는 1916년 11월
1일부터 시작되었어요. 이어서 포항에서 학산까지의 약 2km에 이르는
철로가 개통되었지요. 1939년에는 동해중앙선東海中央線인 경주-포항-학
산 구간이 개통되면서 대구-학산 전구간이 개통되었지요. 당시 영일군내
에는 포항·학산·효자의 3개 역이 있었어요. 포항역은 줄곧 이어져 오다
가 2015년 KTX역이 달전達田에 개통되자 철거되어 역사 속으로 사라졌
어요. 지도를 보면 포항역이 동해중부선이라는 이름으로 학산역까지 이

학산동 철로변(1972년) 출처: 포항시사진DB

어지고 있군요. 그 옛날 학산동에도 기차역이 들어섰다는 것을 알 수 있어요. 아무래도 이곳에서 나오는 수산물과 바다에서 들어오는 물자들을 운반하기 위해서 이곳까지 철로를 놓았겠지요. 일례로 1930년대 영일만 앞바다에는 산란을 위해 모여든 정어리와 청어가 넘쳐났어요. 대동아전쟁에 혈안이 되었던 일본군은 이곳에서 잡은 정어리와 청어로 기름을 짜 전쟁군수품으로 사용했어요. 이 과정에서 부두에 가까웠던 학산역은 이들 군수물자를 내륙으로 수송하는 전진기지 역할을 했던 것이에요.

동빈내항을 따라 촘촘히 늘어선 민가

육거리에 위치한 관청은 같은 위치에 그대로 있군요. 육거리 오른쪽에는 여천동余川洞이 보이고요. 또 동빈내항을 따라 학산동까지 마을들이 촘촘히 들어섰어요. 전형적인 촌락의 형성과정을 보여주네요. 촌락의 형성은 물과 바닷가를 따라 형성되어요. 물이 있어야 먹을 수 있고 물자조달과 운반이 용이해지거든요.

포항 전경. 포항 시내와 저 멀리 동빈내항과 송도가 보인다. 출처: 《부산일보》(1935년 10월 9일자)

변화하는 북쪽 마을

이번에 북쪽으로 더 올라가볼까요. 아래쪽에 형성된 마을이 학산동鶴山洞이에요. 지금의 롯데백화점·관세청·울릉도 선착장이 있는 곳이지요. 이곳은 산이 마치 학 세 마리가 날아가는 모양 같다고 하여 조선시대부터 삼학산三鶴山으로 불렸어요. 그 산 아래쪽에 있는 마을이라 하여 학산이라 부르게 되었지요. 또 마을 유래와 관련해서 이런 전설도 전해와요. 옛날 한 아낙네가 소복단장을 하고 빨래를 하고 있었어요. 갑자기 크고 흰 학 한 마리가 날아왔어요. 놀란 아낙네가 빨래 방망이로 학의 머리를 쳐서 쓰러뜨리자, 순간 동쪽에서 난데없이 학과 같이 생긴 커다란 산이 날아와 아낙네를 눌러 죽이고 그곳에 영원히 자리 잡았어요. 그때부터 이 산을 학산이라 불렀어요.

형산강이 학산동을 통해 바다로 흘러들면서 강으로서의 생명을 마감하지요. 길게 이어진 바닷가가 지금의 영일대해수욕장이에요. 해변을 따라 올라가면 학전鶴田과 창포동昌蒲洞이 나와요. 학전은 지금은 사라진

북부해수욕장(지금의 영일대 해수욕장)과 두호동 일대(1975) 출처: 포항시사진DB

지명이에요. 학들이 이곳의 무성한 숲에 서식하자, 마을 사람들은 학鶴자에 전田자를 넣어 학전으로 불렀답니다. 또 북쪽으로 계속 올라가면 두호동斗湖洞이 나오네요. 두호동은 두모치·두무치·두모포豆毛浦 등으로 불렸어요. 또 이곳은《대동여지도》에 나오는 통양포通洋浦가 들어섰던 곳으로도 유명하지요 통양포는 수군기지로, 지도에서 보듯 천혜의 위치를 갖추고 있어요. 이번에는 남쪽으로 가볼게요.

섬 안쪽 마을의 개발과 교통

남빈동 아래쪽으로 칠성천이 흐르고 아래로는 형산강이 동빈내항으로 계속 흐르네요. 아래 죽도동에는 형산강에서 유입된 강물로 제법 큰 호수가 형성되었어요. 죽도동의 많은 지역에서는 이미 벼를 경작하고 있네요. 좌측에 세로로 큼직하게 영일수리조합관개지迎日水利組合灌漑地라는 말이 보이는군요. 이것은 일본인들이 섬 안쪽을 개발하기 위해 만든 기구에요. 일본군이 조선에 진출할 때 함께 따라온 일본상인들은 상하이와 나가사키에서 조달한 견직물綿織物을 조선에 팔고, 그 대신 조선의 쌀을 수입하고자 했어요. 그런데 이들은 조선 내 관개시설의 미비로 많은 토지가 황폐화된 것을 보았지요. 그러니 자신들이 원한 만큼의 쌀을 조달할 수 없었어요. 일본 상인들은 1904년 제1차 협약으로 조선의 재정을 담당하게 된 메카타 다네타로目賀田種太郞에게 조선 내 수리조합水利組合을 만들도록 건의했어요. 그 의도는 이 수리조합水利組合에 낮은 금리로 자금을 대줘 관개시설의 정비를 추진하는 것이었죠. 이런 수리조합은 전국적으로 조직되었어요. 이곳 섬 안에 설치된 것도 그중 하나였지요. 이 수리조합을 통해 섬 안에 관개시설이 갖춰지면서 개발이 촉진되었어요. 죽도동과 포항 시내를 잇는 영일교가 있어요. 아래에는 대도동이 보이네요. 대도동에서 이어진 길이 죽도동을 거쳐 영일교로 연결되고 있어요. 아직 죽도동에는 시내 쪽과 가까운 지역에 민가 일부가 있는 것을 제외하고는 촌락은 크게 형성되지 않은 모습이에요. 오른쪽으로는 대송면大松面의 송정동松亭洞도 촌락이 어느 정도 형성되었음을 알 수 있어요.

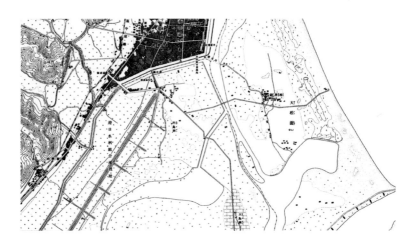

물길이 바뀐 형산강

또 하나 특기特記할 것은 이 무렵 형산강이 동빈내항으로 흐르지 않고 그 위쪽에서 바로 영일만으로 물길이 바뀌었어요. 물길이 바뀐 곳은 송정동이었어요. 이것은 일제강점기인 1935년에 실시한 형산강 직강공사 때문이었어요. 이 공사로 동빈내항으로 들어오는 강물이 줄어들어 강폭이 좁아지게 되었어요. 지도를 보면 아래쪽의 오른쪽으로 형산강의 큰 물줄기가 영일만으로 방향을 틀어 흘러나가고, 그 일부가 동빈내항으로 들어오는 것을 볼 수 있어요. 후에 1960년대 말 포항제철소가 지어지면서 형산강과 동빈내항에 이르는 물길을 매립해 상업지역과 주거지역을 조성해요. 2014년에 완공된 포항운하는 바로 이 원래의 물길을 연결한 것이에요.

동빈내항의 모습(1961년) 출처: 포항시사진DB

1964년 지도 출처: 국토정보플랫폼

10 1964년 지도에 보이는 포항

시 승격과 개항장 지정

조선시기 영일군 북면의 일개 작은 어촌에 불과했던 포항. 1731년 포항창진의 설치로 사람들이 거주하기 시작하고, 일제강점기인 1914년에 포항면으로, 1931년에 포항읍으로 승격되어 발전의 기틀을 만들었지요. 포항은 일제강점기에도 그 발전을 계속 이어가며 광복 이후인 1949년 8월 15일 드디어 시市로 승격되었어요. 당시 포항의 인구는 5만 명이 채 안 되었지요. 실로 포항창진이 설치된 지 214년만의 쾌거였어요. 포항은 이 추세를 멈추지 않고 계속 발전의 토대를 닦아나갔어요. 1950년에 6.25전쟁의 참화를 겪었지만 우리 지역 사람들은 굴하지 않고 포항 발전을 계속 일구어 나갔지요. 1955년 1월 15일에는 해병부대가 창설되었고, 1962년 6월 12일에는 포항이 드디어 개항장으로 지정되어요. 개항장이란 외국인의 정박·출입·무역사무 등의 기능을 가진 항구를 말해요. 이로 포항세관 설치 등 수출입 업무가 가능해졌어요. 다시 한 번 포항 발전의 계기를 마련한 것이지요. 당시 개항장 지정 소식을 들은 포항시민들은 축하 카퍼레이드를 벌이며 크게 기뻐했죠. 이는 환동해권의 물류중심도시로 발전할 수 있는 기반을 마련하는 큰 경사였던 셈이지요. 또한 훗날 포항제철소의 건설과 맞물려 포항은 전례 없는 성장가도를 달리게 되지요. 포항시는 2004년부터 포항항이 개항장으로 지정된 것을 기념해 매년 6월 12일을 '포항시민의 날'로 제정해 기념식을 해오고 있어요.

6.25 전쟁 당시 폐허가 된 포항 시가지 모습 출처: 포항시사진DB

포항개항축제퍼레이드(1967년) 출처: 포항시사진DB

남과 북으로 개발되는 포항

  이 지도는 1964년에 나왔어요. 이 지도 역시 광복 이후 포항의 발전과 지형의 변화를 잘 보여줘요. 지도 전체를 보니 지금 포항의 모습과 점점 닮아가네요. 시내 쪽은 상업구역과 거주지역이 계속 확대되고 있어요. 남빈동에서 학산동까지 마을이 형성되어 있고요. 마을은 더욱 촘촘해졌어요. 시내 주변 지역에도 많은 촌락이 형성되어 있음을 볼 수 있어요. 지도 가운데에 육거리가 선명하게 보이네요. 그 주위로 좌측으로는 신흥동과 대흥동이, 우측으로는 동빈로일가東濱路一街와 동빈로이가東濱路二街가, 남쪽으로 상원동과 남빈동이, 북쪽으로는 덕수동과 대신동이 보이고, 더 위쪽으로는 학산동과 항구동이 보이네요.

  여기서 잠깐 지금은 없어진 동빈로일가와 동빈로이가에 대해서 설명을 해야겠군요. 1917년 6월 19일 일제의 지정면제指定面制 실시에 따라 포항면으로 승격될 때 구 여천동 일부와 어양동魚陽洞 북부 일부를 합해

탑산에서 내려다 본 포항시가지(1968년) 출처: 포항시사진DB

서 동빈로일가라고 했어요. 1931년 4월 1일 포항읍으로 승격되면서 일본식 동제洞制인 정제町制 실시로 동빈동일정목東濱洞一町目으로 바뀌었어요. 그러다가 광복 후 다시 동빈로일가로 개칭되었죠. 바로 지도상의 동빈로일가가 이 명칭이에요. 후에 1983년 2월 15일 동빈동에 편입되면서 사라졌어요. 동빈로이가 역시 마찬가지 과정을 밟았어요. 다만 포함한 구역은 구 여천동 일부와 포항동 일부를 합했다는 점이 달랐어요.

왼쪽의 산 쪽으로는 일제강점기 때 포항산으로 불렸던 수도산水道山도 보이고요. 교통도 효자동孝子洞 쪽에서 들어오는 철로가 포항역을 거쳐 학산동까지 연결되어 있군요. 아래쪽 대도동·송도동·상도동 일대에 민가들이 밀집되어 있네요. 또 동해남부선을 따라 촘촘히 민가들이 형성되었고요. 이전의 지도에서는 시내 쪽만 촌락이 형성되었다면, 이 지도에서는 상당히 폭넓은 지역에서 촌락이 형성되고 있음을 볼 수 있어요. 그만큼 도시가 인구의 유입으로 계속 발전하고 있었다는 반증이 되겠지요.

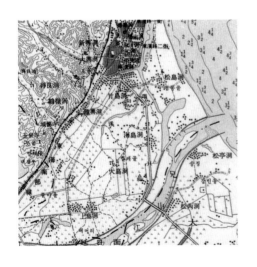

남구 쪽의 변화와 양학천에서의 추억

지형의 변화가 생긴 남구 쪽을 먼저 볼까요? 남구 쪽 모습이에요. 가장 큰 변화가 생긴 곳은 형산강의 물줄기에요. 형산강의 큰 물줄기가 이제 송정을 거쳐 바로 영일만으로 빠져나가는 것을 볼 수 있어요. 이로 인해 동빈내항으로 유입되는 물줄기는 가늘어졌어요. 죽도동에서 송도동으로 빠지는 약간 굵은 물줄기는 지금 죽도파출소와 고속버스터

미널을 거쳐 포항 운하 쪽으로 빠지는 수로에요. 바로 양학천이지요. 지금은 거의 복개되어 볼 수가 없지요. 옛날 양학천 끝자락의 해도동에는 염전이 있었어요. 강 건너 송도의 염동골과 더불어 염전으로 유명한 곳이었지요. 양학천의 끝자락에는 큰 비가 내린 후 유량이 풍부해지면 아이들이 이곳에서 헤엄치거나 다이빙을 하며 즐겁게 놀기도 했지요. 또 파란색의 가는 실선들은 옛 물줄기들의 흔적이지만 거의 도랑 수준으로 줄어든 것을 볼 수 있어요. 산 쪽으로 흐르는 위쪽 물줄기인 칠성천은 거의 도랑 수준으로 변했어요. 형산강에서 남빈동으로 흐르는 이 수로도 후에 점차 매립되어 주택과 상업시설들이 들어서면서 지도에서 사라지게 되어요. 1960년 후반에는 형산강 하구 남쪽에 포항제철소가 들어서면서 포항과 포항제철소가 이 형산강 하류를 기준으로 경계를 이루어요. 그 모습이 지금까지 이어지고 있죠. 아직은 물줄기의 모습이 정형화되지 않고 구불구불하기도 하고 중간에 섬 같은 것이 있기도 하네요.

양학천의 모습(1982년) 출처: 포항시사진DB

101번 버스가 다니는 중앙로

지도에서 북구와 남구를 이어주는 직선의 긴 도로가 보이나요? 포항 시내 ↔ 죽도동 ↔ 해도동 ↔ 형산강 ↔ 송내동을 이어주네요. 이 길은 포항에서 아주 상징적인 길이에요. 포항의 남쪽과 북쪽을 최초로 이어주는 길이기 때문이에요. 지금 101번 시내버스가 이 노선을 다니고 있지요. 버스 노선에 '1'이라고 붙인 것도 괜히 붙인 것이 아니고 상징적인 의미가 있기 때문이지요. 잊지 마세요, 101번 버스를 탈 때는 포항 발전의 가장 상징적인 길을 달리고 있다는 것을요.

송도동의 개발

또 이 지도를 보면 길쭉하게 생긴 송도동이 완전히 섬이 된 것을 알수 있어요. 장마나 태풍이 오면 형산강 하류의 포항 시내 쪽은 범람의 위험이 있었지요. 실제로 옛 사진들을 보면 물이 범람하여 많은 손실을 입었어요. 특히 1959년 9월 17일 사라호 태풍이 상륙했을 때는 형산강의 범람으로 농경지가 유실되고 포항시가지 대부분이 물바다로 변했지요. 그래서 동빈내항으로 유입되는 형산강 물줄기를 송정동에서 곧바로 바다로 흐르도록 했어요. 이로 인해 송도는 섬 아닌 섬이 되었던 것이죠. 아래쪽 죽도동에서 송도로 넘어가는 송도다리가 보이나요? 제가 어렸을때 송도다리를 넘어 송도해수욕장까지 가서 헤엄치고 놀았던 기억이 나네요. 지금은 송도로 통하는 길이 남과 북에서 여럿 생겨서 아주 편리하게 갈 수 있지요. 당시 송도해수욕장의 물은 너무 깨끗해서 '반짝반짝 빛나는 모래가 10리(4km)나 이어져 있다'는 의미로 '명사십리明沙十里'라는 말이 있을 정도였지요. 전국에서도 손꼽히는 해수욕장이었지요. 송도는 1938년 형산강 방천공사가 끝나자 향도동向島洞이라는 명칭으로 포항읍에 편입되었어요.

하늘에서 내려다 본 송도해수욕장(1975년) 출처: 포항시사진DB

송림을 조성한 일본인 오우치 지로

1945년 10월에 일본식 동명을 개정하여 송도동이라고 했죠. '송도'라는 명칭에서 보듯 이곳에는 소나무들이 많이 심어져 있었답니다. 소나무가 무성하게 된 것도 일본 사람과 연관이 있다고 하네요. 1911년 포항에 정착한 일본인 오우치 지로大內治郞라는 사람이 이곳에 소나무 숲을 조성했어요. 당시 오우치 지로는 송도 일대에 국유지 53여 정보町步, 즉 약

9,900m²의 땅을 총독부로부터 불하받아 농사를 지었어요. 그런데 동해의 거센 바다 바람으로 농사에 어려움을 겪자, 바람을 막는 숲을 조성하려고 해송을 심었던 거예요. 이후 십 수 년이 지나자 송도에 이렇게 울창한 송림이 만들어지게 된 것이죠. 광복 이후 일본으로 돌아간 오우치 지로는 자신이 가꾼 송림을 잊지 못해 죽기 전에 "송도의 소나무가 보고 싶다"라는 말을 남겼다고 전해와요. 비록 일본 사람이 조성한 것이지만 그 의미와 역할이 작지 않죠. 이 역시 우리 포항의 귀중한 유산이지요.

염전을 일군 염동골

참, 지도에 염동골이라고 보이죠? 이곳 역시 의미 있는 곳이랍니다. 한자로는 염동鹽東이라고 해요. 풀이하면 소금이 나는 동쪽바다 쯤 되겠네요. 이곳은 염전을 일구었던 곳이에요. 놀라운 일이죠? 포항에서도 염전을 했으니까요. 사실 해도동과 죽도동 일대에도 염전이 있었다는 기록이 있어요. 포항에서 생산된 소금은 품질이 워낙 좋아 임금님께도 진상되었어요. 이곳의 염전에서는 특이한 방법으로 소금을 만들었어요. 바닷물을 가두고 햇빛에 말리는 서해안의 염전과는 달랐어요. 이곳은 흙을 평평하게 깔아놓고, 그 위로 바닷물이 드나들게 했어요. 바닷물을 어느 정도 머금으면 그 흙을 푹 눌러 짜서 움막을 지었어요. 그리고 움막을 지은 흙에서 나오는 바닷물을 큰 솥에 고면 소금이 되었어요. 움막의 흙은 다시 평평하게 깔아 바닷물이 드나들기를 기다렸죠. 흙을 이용했기 때문에 처음에는 누런색을 띠었지만 일정기간이 지나면 하얀 빛깔을 드러냈어요. 품질이 좋아 전국적으로 팔려나갔어요. 당시 소금을 실어 나르는 마차가 낮밤을 가리지 않고 드나들었고 짐꾼들도 북적였어요. 아이들은 누렇고 하얀 소금을 손으로 찍어 먹으며 유년기를 보냈죠. 그러나 이곳의 염전은 오래가지 못했어요. 6.25전쟁이 끝나자 연료비가 상승하여 생산단가를 맞출 수 없었어요. 서해안 천일염과의 가격경쟁에서 뒤진 것이죠. 결국 제염업자들은 하나둘씩 도산위기에 빠지면서 앞날을 걱정해야 하는 신세가 되었어요. 이에 1950년대 말 정부에서 세염업자들에게 보상금을 지급하면서 이곳 송도의 염전산업은 막을 내리고 말았지요.

섬 안쪽 마을의 모습

섬 안쪽으로 가볼까요. 조선 시대의 지명대로 여전히 불리고 있네요. 남쪽에는 상도동이 중심이고, 북쪽에는 죽도동이 중심이에요. 점선으로 구획이 되어 있고, 동들이 나눠져 있어요. 많은 지역에서 벼를 경작하고 있음을 볼 수 있어요. 배머리·들머리·벌레골이라는 지명도 보이네요.

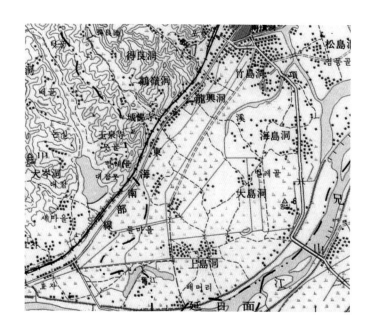

1975년 지도 출처: 국자정보플랫폼

11 1975년 지도에 보이는 포항

포항제철 신화의 시작

1970년대는 포항 역사에서 포항제철을 빼놓고는 이야기할 수 없겠지요. 그만큼 포항 역사에서 중요한 시기이죠. 포항제철소는 1970년 4월 1일에 착공되었어요. 박태준 사장은 착공식 직후 공사기간 내에 포항제철소를 완성하지 못하면 "우리 모두 사무소에서 똑바로 걸어 나와 우향우한 다음 동해바다에 몸을 던지는 거다."라고 하며 직원들을 독려했어요. 이것이 유명한 '우향우' 정신이에요. 그로 3년이 조금 지난 1973년 6월 9일 시뻘건 쇳물이 힘차게 흘러나오기 시작했어요. 쇳물이 나오던 날, 박태준 사장 등 임직원들은 45m 높이의 작업대에 올라섰어요. 용광로 군데군데 뚫린 손가락 굵기의 송풍구 사이로 벌건 쇳물이 끓고 있었죠. 용광로 출선구(쇳물이 나오는 구멍)를 임시로 막아둔 진흙만 쇠파이프로 뚫으면 쇳물이 쏟아져 나오는 상황이었죠. 그런데 '뚝'하는 소리와 함께 쇠파이프가 그만 두 동강 나버렸어요. 박태준 사장의 표정이 순식간에 굳어졌어요. 무거운 침묵 속에 벽두께 2m가 되는 구멍을 산소불로 직접 뚫는 사투가 시작됐어요. 2시간 30분이 지났을까. '펑'하는 소리와 함께 오렌지색 섬광이 치솟았어요. 용암 같은 시뻘건 쇳물이 흘러나오는 것이에요. 박태준 사장은 두 손을 번쩍 들고 "나왔다. 만세!"라고 하며 소리쳤어요. 그런데 재미난 것은 이 역사적인 순간에 만세를 부르는 모습은 단 한 장의 사진 밖에 남아 있지 않다고 해요. 이유인 즉 사진사도 쏟아져 나오는 쇳물에 감격한 나머지 쇳물만 찍느라 그만 만세를 부르는 사람들의 모습을 제대로 찍지 못한 것이에요. 그 사진에서 박태준 사장은 마치 넋이 나간 표정을 하고 있어요. 후일 그의 회고에 따르면 "기쁨보다는 이제 시작이다. 고생이 더 남았다는 마음이 앞섰기 때문"이라고 했지요. 포항제철에서 생산된 철강은 우리나라의 자동차·조선·건설 등의 산업을 견인하며 우리나라를 중공업 강국으로 거듭나게 했지요. 포항제철은 이후에도 사세를 크게 확장했어요. 1973년~1983년까지 네 번의 확장을 거쳐 910만 톤의 조강생산능력을 갖추었고, 1985년에는 광양에 제철소를 세우게 되지요. 포항제철의 역사가 포항의 역사이자 우리나라의 역사였죠.

촘촘해지는 도로망

이 지도는 1975년에 제작되었어요. 포항 시내 쪽의 생활권역이 이제 북쪽으로 창포동까지, 남쪽으로는 남빈동을 넘어 죽도동 일부지역까지 확장되었네요. 송도는 여전히 섬으로 있고, 송도다리를 통해 송도해수욕장까지 길이 이어져 있네요. 시내에서 형산대교를 이어주는 직선의 길인 중앙로를 기준으로 오른쪽이 해도동이고, 왼쪽이 죽도동으로 나눠져요. 해도동 쪽이 도로구획이 잘 되어있는 것으로 보아 왼쪽의 죽도동보다 개발이 더 잘 된 것 같군요.

1979년의 포항시가지 모습

왼쪽 편에 하얀색의 고려아파트 3동이 보인다. 고려아파트 앞쪽이 지금의 롯데백화점이 들어선 자리이다. 저 멀리 동빈내항과 포항제철소도 보인다. 출처: 포항시사진DB

해도동 일대의 변화와 상대동의 탄생

해도동 일대를 좀 더 자세히 볼까요. 해도동은 조선시대에는 영일현 읍내면에 속했어요. 일제강점기인 1914년에 행정구역통폐합 때 영일군 포항면에 편입되었어요. 1917년에는 포항면이 포항동·학산동·두호동 3개 동으로 지정면指定面*이 되자 형산면에 편입되었지요. 1945년 8월 15일 포항이 시로 승격되자 해도동으로

* 1917년에 일제가 도입한 면面 체계이다. 읍邑의 전신으로, 1931년에 읍으로 명칭이 바뀌었다.

개편되어 지금까지 이르고 있지요. 1968년 포항제철의 건설로 인구가 늘어나 신흥지역으로 발전했어요. 형산강 하류에 위치하여 육지에서 따로 떨어진 섬이라하여 '딴섬' 내지 '독도獨島'라고도 하였죠. 1975년에는 석유가 나와 전국을 떠들썩하게 했으나 경제성이 없다는 이유로 시추를 그만두었다고도 해요.

지도를 보니 왼쪽 파란색의 양학천이 형산강으로 흐르고 있네요. 그 위로 해도교가 지나고 있군요. 해도교는 죽도동과 해도동을 이어주는 다리였어요. 해도동에서는 이 다리를 지나야 시내로 갈 수 있었죠. 지금은 양학천이 복개되면서 이 다리도 자연스럽게 사라졌어요. 지도를 보면 해도교와 그 인근의 길을 따라 마을이 촘촘히 형성되어있는 것을 볼 수 있군요. 지금 양학천이 흘러나가는 길이 바로 포항운하가 지나가는 길이에요. 1970년대에도 그 물길의 흔적을 볼 수 있군요.

섬 안쪽은 남빈동 아래의 죽도동 일부지역만 개발되었고, 그 나머지 지역들은 아직도 완전히 개발되지 않고 벼농사만 하는 상황임을 알 수 있네요. 형산대교 앞에 상대동上大洞이 처음으로 보이군요. 이 동은 상도 上島와 대도大島을 합쳐서 부른 동명이에요. 1973년 7월 16일 상도동과 대도동을 행정동인 상대동으로 통합하면서 탄생했지요. 1986년 상대동은 동 규모가 커져 상대 1동과 상대 2동으로 분리된답니다. 1995년 포항시와 영일군이 통합될 때 남구에 편입되었지요.

포항제철소와 어룡사魚龍沙

이 지도의 가장 특징은 1969년 포항제철소가 지어진 후 포항의 변화를 잘 반영한 점이에요. 아래쪽 송정동과 송내동이 있던 곳은 지금 포항제철소로 변해버렸네요. 상전벽해가 따로 없죠? 어룡사魚龍沙라고 들어보셨나요? 지금의 포항제철소가 자리 잡은 백사장 일대를 옛날에는 '어룡사'라고 불렀어요. 속칭 '어룡불' 내지 어링이불'이라고도 하지요. 여기서 어룡사와 관련된 흥미로운 이야기를 해볼게요.

옛 사람들은 장기곶이 영일만을 감싸고 동해바다로 길게 돌출한 것을 보고 마치 용이 등천하는 형국이라 하여 용미등龍尾嶝이라 했어요. 또흥해읍 용덕리의 용덕곶이 동남쪽으로 돌출한 것을 물고기가 도약하여 승천하는 형국으로보았어요. 그래서 두 곳의 형상을 풍수지리학적

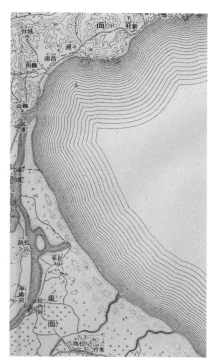

1913년 조선총독부 지도의 어룡사 일부

으로 물고기와 용이 서로 다투는 형국으로 보아 어룡사라고 불렀던 거지요. 어룡사는 넓게 보면 동해면 약전동에서 형산강을 지나 포항시 두호동에 이르기까지 약 20리(7.8km)의 넓은 백사장을 말하고, 좁게 보면 형산강 하류를 중심으로 남쪽과 북쪽, 즉 포항제철소가 자리 잡은 지대와 지금의 포항 송도 해수욕장 전역을 말해요. 장장 20리 길의 어룡사는 예로부터 풀 한포기 자라지 않는 황무지였어요. 북풍이 세차게 불면 날아오는 모래에 눈을 뜰 수 없고, 동지섣달 하늬바람이 불어 닥치면 사람이 눈을 뜰 수 없고 발을 붙일 수도 없었어요. 수 천 만년 동안 황폐할 대로 황폐해져 갈매기가 나래를 쉬어가는 절해의 고도와 같았어요. 조선시대에 유명한 풍수가인 성지性智라는 사람이 이곳을 유람한 적이 있었어요. 그는 함께 유람한 이 지방의 선비들에게 이 지역은 평범한 곳이 아니라고 말했어요. 그러면서 성지는 서쪽의 운제산雲梯山이 십리쯤만 떨어진 거리에 위치했더라면 반드시 수십만의 사람이 살 수 있을 것이며 현재 위치와 지형이라도 좀 늦어지기는 하겠으나 큰 도시로 발전할 것이라고 덧붙였어요. 이 지방의 선비들은 풀 한 포기조차 자라지 않는 이 황무지 같은 백사장에 수십만의 사람이 살게 된다는 말을 믿지 않았어요. 그러자 성지는 혼잣말로 이런 시를 되뇌었어요.

> 어룡사에 대나무가 자라면,　　　　　　　竹生魚龍沙,
> 수많은 사람들이 사는 곳이 되리라.　　　可活萬人地.
> 서쪽의 기물이 동쪽 하늘에 오면,　　　　西器東天來,
> 모래사장이 없어졌음을 돌아보리라.　　　回望無沙場.

이후 이 지방에서는 성지의 예언이 널리 알려졌어요. 그런데 성지의 예언은 수백 년이 지나도 아무런 조짐이 없었지요. 1960년대에 어룡사가 제철소 부지로 선정되어 굴뚝이 하늘 높이 올라가자, 이 지방의 고로들은 그때서야 성지가 예언한 말의 의미를 깨달았어요. 어룡사에 대나무가 자라는 것은 제철소에 굴뚝이 많이 세워졌다는 의미였어요. 수많은 사람이 산다는 것은 종합제철소의 건설로 많은 사람들이 이 지역에 와서 산다는 의미였어요. 또 서쪽의 기물이 동쪽 하늘에 온다는 것은 서양의 기계문명이 동양의 한국에 온다는 의미였고, 모래사장이 없어진다는 것은 제철소의 건설로 광활한 어룡사 백사장이 매립되어 사라진다는 의미였던 거지요.

송정동 · 송내동 · 동촌동 주민들의 이주

지도를 보니 송정동과 송내동 외에 동촌동까지 보이군요. 동촌동은 현재 포항제철 본사를 중심으로 포항제철소 주도로를 따라 영일만까지 이어지는 곳에 형성됐던 마을이었어요. 조선 초기부터 영일권을 잇는 대송역이 형성될 만큼 중요한 자리에 있었지요. 포항제철이 들어서기 전 400가구 가량이 모여 사는 전국에서 가장 큰 단위 마을로 이름이 높았죠. 당시 가구당 평균 인구를 5명으로 잡아도 2000명이 사는 엄청난 규모였어요. 그러나 이 지역은 포항제철소 부지로 확정되면서 모든 것이 사라졌지요.

1967년 6월 24일 정부는 송정 · 송내 · 동촌 등의 마을을 포항제철 건설 부지로 확정해요. 공사시한에 쫓겼던 정부는 이 일대에 살던 주민들을 대상으로 부지확보에 나섰어요. 조상 대대로 물려받은 문전옥답을 버릴 수 없다는 주민들과 팽팽하게 대립했죠. 개발 논리에 결국 주민들은 제대로 보상받지

못하고 정든 고향을 떠나게 된 것이죠. 몇 년 전 오승효 포스코이주민장
학회 재단이사장은 《경북일보》와 진행한 인터뷰에서 "아무것도 가지지
못한 채 떠나왔던 이주민들의 애환이 잊혀지는 것이 너무 안타깝다. 우
리의 바람은 조국 근대화와 제철보국의 꿈을 위해 고향을 떠나야 했던
5천여 이주민들의 희생도 있었음을 기억해 줬으면 하는 것입니다."라고
했죠. 포항시민으로서 포항과 국가 발전을 위해 정든 고향을 떠나신 분
들을 당연히 기억해야겠죠.

포항제철소 건립직전 동촌동에 있었던 예수성심시녀회 전경(1967).저 멀리 위쪽에 형산강과 구형산교가 보인다.
출처: 포항시사진DB

중앙로와 희망대로

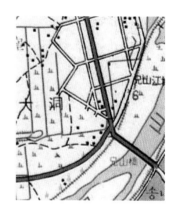

　포항과 포항제철을 이어주는 형산교兄山橋도 또렷하게 보이네요. 형산교에서 길이 두 갈래로 나눠지고 있군요. 오른쪽으로 시내로 향하는 직선의 길이 중앙로에요. 왼쪽으로 효자와 지곡 방향으로 향하는 길이 지금의 희망대로에요. 이 길은 지금도 우리 포항을 관통하는 대표적인 도로이지요.

　오른쪽 아래의 사진은 지도의 모습을 실제로 보여주고 있어요. 공장이 지어지고 있는 것으로 보아 제철소를 막 짓기 시작할 무렵이네요. 그러니까 1960년대 말에서 1970년 초반이 되겠네요. 포항제철소 너머로 푸른색의 형산강이 유유히 흐르는 것이 보이나요. 왼쪽으로 형산교가 어렴풋이 보이고, 그 위쪽으로 V자 모양으로 길이 두 갈래로 갈라지고 있네요. 오른쪽이 바로 지금의 중앙로로, 시내로 통하는 길이에요. 왼쪽이 효자와 지곡 방향으로 가는 길로, 지금의 희망대로에요. 포항제철 너머로 보이는 초록색의 지역은 섬 안쪽이에요. 이 무렵까지도 섬 안쪽 지역은 이렇다 할 마을이 형성되지 않았고 광활한 평지만 보이는군요.

출처: 다음백과 POSCO

1986년 지도 자료출처: 국토정보플랫폼

12 1986년 지도에 보이는 포항

포스텍의 개교

포항제철은 1980년대에도 눈부신 성장을 이어가요. 1983년까지 네 번
의 확장을 거쳤고, 1985년에는 광양에 제철소를 건설하기에 이르죠. 포
항시의 성장과 더불어 시의 시세도 계속 커져갔어요. 그 결과 1980년대

포스텍 전경 출처: 포항시청 문화관광 관광사진전

포항제철의 인근지역인 영일·대송·오천이 포항시에 편입되어요. 1980년에는 영일면이 영일읍으로, 오천면이 오천읍으로 승격되기도 했지요. 포항제철의 고도성장은 당시 폭발적인 성장세를 기록한 한국 경제의 성장과 맞물려 있었어요. 이를 예측하고 준비한 지도자들의 선견지명이 있었기에 가능한 일이었지요. 포항제철의 거듭된 확장으로 포항의 인구는 비약적으로 늘어갔어요. 1975년에 13만 명 수준이었던 인구가 1985년에는 그 배인 26만 명으로 늘어났어요. 80년대 들어 포항은 우리나라의 산업화를 상징하는 도시가 되었어요. 여기에 포항은 인재를 기르는 교육도 중시했어요. 1988년에 개교한 포스텍은 그 노력의 산물이지요. 포스텍의 개교는 포항시민들에게 세계적인 대학교를 갖게 되었다는 큰 자긍심을 심어주었죠. 물론 우수한 인재들이 포항으로 몰려드는 계기도 되었지요.

눈부신 발전

이 지도는 1986년에 제작되었어요. 붉은 색이 칠해진 곳을 보세요. 불과 11년 사이에 도시의 모습이 또 이렇게 변했어요. 육거리에서 남쪽 섬으로 퍼져나가는 모습이군요. 사실 포항이 이렇게 급속도로 발전하게 된 것은 1969년에 포항제철소가 들어서면서 부터지요. 포항제철이 사세를 키워나가니 포항으로 끊임없이 사람들이 유입이 된 거지요. 포항제철소가 지어지기 전 1964년 지도와 비교해보면 그야말로 상전벽해라는 것을 알 수 있어요. 불과 20여년 만에 말이죠. 자, 지도를 통해서 포항이 어떻게 발전했는지 살펴볼까요.

섬 안쪽에 들어선 공설운동장

남구에는 두 가지 변화가 생겼어요. 섬이었던 지역이 대부분 개발된 것과 상도동과 뱃머리 쪽만 아직 개발이 안 된 것이에요. 상도동과 뱃머리 쪽은 아직도 민가들이 듬성듬성 분포해있고, 논으로 경작된 것을 볼 수 있어요. 뱃머리 쪽에는 공설운동장도 보이네요. 이 경기장은 1971년 11월 1일에 지어졌어요. 1984년까지 공설운동장으로 불리다가 1985년 대대적으로 리모델링을 한 후에 포항종합경기장으로 개칭되었어요. 1987년~1990년까지 포항스틸러스축구단의 홈구장으로도 사용된 적이 있지요. 공설운동장이 있는 뱃머리 일대는 후에 수영장, 야구장, 볼링장, 문화예술회관 등이 들어서서 포항 문화와 체육의 중심지가 된답니다.

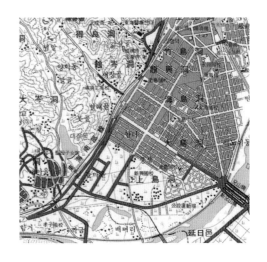

1984년 종합경기장 건설공사 경기장 너머로 포항제철소가 보인다. 출처: 포항시사진DB

효자동과 지곡동의 유래

또 하나는 효자동과 지곡동이 개발된 거예요. 효자동은 동명 그대로 전희田禧라는 효자를 배출한 동네로 유명해요. 250년 전 전희田禧라는 마음씨 곱고 효성이 지극한 사람이 살았어요. 또 학식이 있고 언행이 단정하여 마을 사람들로부터 효공거사孝公居士로 추앙을 받았어요. 부친이 세상을 떠나자 그는 묘 옆에 오두막집을 짓고 3년 간 시묘하고 조석으로 곡을 올렸어요. 그러자 효심에 하늘이 감동했는지 밤마다 범이 와서 오두막집을 지키다 날이 밝으면 사라졌어요. 또 모친이 돌아가시자 3년 간 시묘하고 조석으로 곡을 올렸어요. 그러자 또 매일 밤마다 범이 나타나서 오두막집을 전처럼 지켰어요. 마을 선비들이 전 효자의 지극한 효성을 도감사道監司에게 알리니, 조정은 그에게 효자각孝子閣을 내렸어요. 이로 인해 이곳을 효자동으로 불렀답니다. 지금도 효자초등학교에는 전희비田禧碑가 보존되어 있어요. 지곡동芝谷洞의 '지'는 영지를 뜻하는 말이지만 원래 지곡의 유래는 이와 달랐어요. 이곳은 진한 찰흙으로 되어 있는 산과 골짜기에 위치했었어요. 비가 오는 날이면 신에 찰흙이 많이 붙

효자동에 있는 전희비田禧碑

어서 차라리 신을 벗거나 물 위로 다녀야 할 정도로 진(흙) 골짜기로 소문났지요. 이 진(흙) 골짜기가 '징골' 내지 '지골'로 발음되다가, 후에 마을 사람들이 골짜기 이름을 한문으로 좋게 표현하려고 영지의 의미인 지芝자와 골짜기의 의미인 '곡谷'자를 써서 지곡동으로 불렀답니다.

효자동과 지곡동의 개발

사실 이 두 지역의 발전은 포항제철의 영향이 컸죠. 포항제철소를 지을 때 많은 건설인력들이 포항에 왔어요. 1968년 포항제철소를 건설할 초기에 1년 만에 포항 인구가 40% 늘어났다고 해요. 어마어마한 인구유입이 일어난 것이죠. 그런데 당시 포항에는 이들이 머무를만한 숙소가 없었어요. 그래서 1968년 9월에 1차로 효자지구에 20만평의 부지를 매입

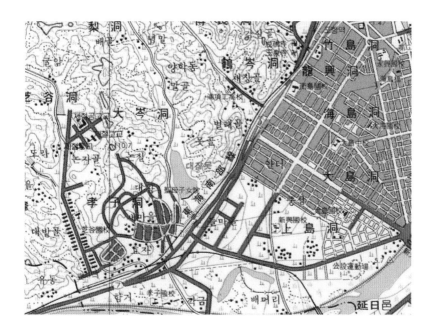

하고, 1969년에는 지곡과 대잠에 사원주택단지를 짓게 되죠. 이러한 노력의 결과로 이곳의 개발이 촉진되었죠. 당시 이곳은 최신 주택단지들이 들어서서 포항 시내의 건물과는 완전히 달라 마치 외국에 온 느낌을 받았어요.

송도 개발과 강물의 오염

송도 쪽도 송도다리 주위로 개발이 많이 이뤄졌어요. 1975년 지도에서 본 송도와는 또 확연히 다른 모습이에요. 가장 큰 특징은 학교가 들어선 것이에요. 학교가 들어섰다는 것은 이 지역에 인구가 계속 늘어났다는 것에 대한 방증이지요. 그런데 학교 명칭이 참 재미있네요. 한자로 松島國校송도국교와 松林國校송림국교라고 되어있네요. 학교 이름 뒤의 '국교國校'는 어떤 의미일까요? 이것은 '국민학교'의 줄임말이에요. '국민학교'는 지금의 '초등학교'를 말하지요. 우리의 어른 세대들은 모두 이 명칭을 사용했어요. 이 명칭은 1941년부터 사용되다가, 일제의 잔재로 간주되어 1996년에 폐기되었어요. 이 지도는 1986년에 나왔으니, 당연히 이 명칭으로 표기했겠지요. 송도에 일어난 또 다른 변화는 1975년 지도에서는 형산강 쪽의 딴섬에 호수 같이 생긴 물자취가 있었는데, 지금은 완전히 사라진 것이에요. 이곳은 치수사업을 통해 지도에서 보듯 가늘고 곧은 수로처럼 변했어요. 후에 이 수로는 오염이 심화되어 복개된 답니다.

송정동 · 송내동 · 동촌동의 모습

형산대교 건너서 송정동 · 송내동 · 동촌동 지역은 형산강을 따라 약간의 촌락이 형성되어있군요. 훗날 이곳 주민들은 포항제철의 확장으로 인근 해도동과 오천 등지로 이주하게 되지요. 동촌동 쪽은 아직 논과 습지로 이뤄져있네요. 이 지역은 후에 포항제철소의 배후 산업단지로 발전하며 제철 관련 공장들이 들어오게 되지요. 송도에서 이어져온 아름다운 어룡사魚龍沙 해변은 이미 자취를 알아 볼 수 없어졌어요. 그 대신 바다를 매립한 공장부지가 영일만으로 돌출된 모습이 보이는군요.

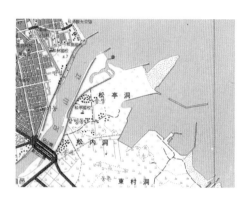

소가 튄 고개-소티재

나루끝 쪽을 볼까요? 아주 흥미로운 고개가 하나 있답니다. 나루 끝에서 우현동을 지나 흥해로 넘어가는 붉고 진한 선이 보이죠. 이 길이 영덕 · 울진 · 강릉으로 가는 7번 국도에요. 이 길의 끝자락에 '소치재'가 보이나요? 소치재는 지금 '소티재'라고 불러요. 포항에서 흥해로 갈 때 보통 이 고개를 지나가지요. 조선시대 지도에는 우현牛峴이라고 되

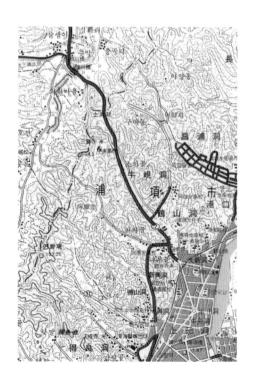

어있어요. 그런데 이상한 것이 하나 있어요. '우현牛峴'을 우리말에 그대로 대응시키면 '소재'인데, 왜 가운데에 '티'자를 넣어 '소티재'라고 했을까요? 이 '티'자는 어떤 의미일까요? '티'자는 분명히 의미가 있을 것이에요. 이로 보면 '티'자에 대한 풀이가 '소티재'라는 명칭이 어떻게 유래했는지 알 수 있는 중요한 단서가 되겠죠. 소티재의 '티'는 '튀다'에서 유래했을 가능성이 있어요. 국어사전에서는 '튀다'를 "'달아나다'를 속되게 이르는 말"로 정의해요. 이로 풀어보면 소티재는 '소(가) (너무 힘들어) 튄 재'라는 아주 흥미로운 의미가 되어요. 여기에는 두 가지 근거가 있어요. 첫째, 소티재는 예로부터 흥해와 영일을 이어주는 큰 고개였어요. 두

소티재(1978년) 출처: 포항시사진DB

130

지역을 오가는 농부와 상인들은 소달구지에 짐을 싣고 이 고개를 넘나들었어요. 이때 소가 짐을 싣고 고개를 넘기 너무 힘들어 튀려고(달아나려고) 한 것을 보고, 사람들이 '소튀재'라고 불렀어요. 이 말이 사람들의 입에 오르내리면서 '튀'가 발음하기 쉬운 '티'로 바뀌어 소티재가 된 것이에요. 둘째, 1945년 일본으로부터 해방되기 전 지금의 용흥동 현대아파트 인근에는 소를 잡는 도축장이 있었어요. 흥해에서 소를 몰고 도축장에 갈 때 소들이 소티재에 오면 (도축을 당하지 않으려고) 튀려고(달아나려고) 했다는 거예요. 이에 사람들은 첫째의 경우와 마찬가지로 '소튀재'로 불렀어요. 이상에서 보면 소티재의 '티'는 '튀다'에서 유래했을 가능성이 있어요. '티'자를 '튀다'로 풀이하면, 소티재의 명칭이 한 글자도 빠짐없이 정확하게 풀이되고, 또 그 속에는 이 고개를 넘나들었던 선조들의 흥미로운 이야기가 숨어있는 것도 알게 되어요. 한편으로는 우리 조상들께서 이 고개를 넘을 때의 고달픔을 잊기 위해 이렇게 흥미로운 이름을 지으신 것은 아닐까라고 생각해봐요.

2009년 지도 출처: 국가정보플랫폼

13 2009년 지도에 보이는 포항

상전벽해

이 지도는 10년 전 포항의 모습이에요. 현재 포항 모습을 보는 것 같군요. 포항 발전이 눈부시죠? 섬 안쪽 마을의 개발이 완전하게 이뤄졌고, 북구 쪽은 거주지역이 창포동과 두호동을 넘어 장성동과 양덕동까지 개발이 이뤄졌네요. 남구 쪽은 기존의 효자와 지곡 외에 양학동과 이동도 개발이 이뤄져 거주지역이 촘촘해졌어요. 가만히 보면 섬 안쪽이 개발이 된 이후에는 산 쪽으로 계속 개발이 이뤄지고 있는 모습을 볼 수 있군요. 포항제철소 쪽도 공장이 초창기보다는 더욱 많아지고 커진 모습이에요. 형산대교를 지나면 옛날 논이었던 지역들이 남과 북으로 공단들이 죽 늘어서 있군요.

북구의 발전상

창포동과 두호동 일대와 장성동과 양덕동 일대에 큰 거주지가 형성되었군요. 장성동은 1914년 3월 1일 침촌동針村洞 · 원촌동院村洞 · 장흥동長興洞

· 성곡동城谷洞의 4개 자연부락을 합할 때 장흥과 성곡의 이름을 따서 만들었어요. 성곡은 고려 말인 1387년 두모적포豆毛赤浦, 즉 오늘날 두호동에 수군만호첨사진水軍萬戶僉使鎭을 둘 때 이곳에 성을 쌓았다 하여 생긴 이름이에요. 1975년까지도 논농사와 포도농사를 짓던 20여 호의 작은 부락이 있었어요. 이후 마을 앞 구릉지와 들판 및 장량동 사무소 동편 공동묘지의 일부가 주택단지로 지정되어 아파트와 단독주택 1,800여 호가 들어선 신시가지로 변모했어요. 양덕동은 원래 사량골, 불미골, 돌골, 기남골, 갈바리, 북시골, 대사말골, 대박골 등 여러 작은 골짜기의 자연부락으로 이루어졌어요. 지역 주민들이 조합을 구성하여 기남골과 갈바리 일대에 34만평 규모의 토지구획정리사업(1990.5~1999.12)을 추진하면서 동네의 원래 모습이 사라졌지요. 양덕동의 명칭은 사량골, 즉 사량곡思良谷에서 유래했어요. '사량'은 조선 정조正祖 때 진사 출신인 최기대崔基大라

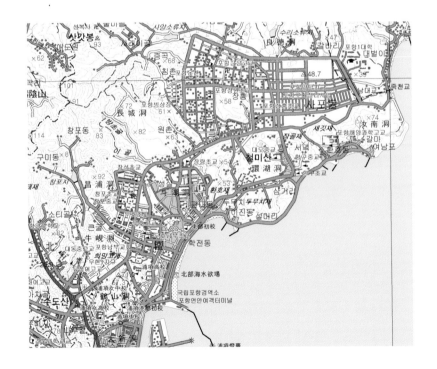

는 분의 호에요. 최기대 선생님은 태학太學에서 10여 년간 재직하시다가 정조 정유년(1777)에 선영이 있는 이곳에 기거했어요. 정자와 사당을 짓고 후진을 모아 글도 가르치고 마을 발전을 위해 많을 일을 하셨지요. 이분이 돌아가시자 마을 사람들은 그 덕을 기리기 위해서 이름의 끝 자인 '양良'자와 '덕德'자를 합해 마을이름을 '양덕'이라고 했지요. 사실 양덕동은 옛 포항으로 보면 북쪽의 끝자락에 있어 발전이 가장 더딘 지역이었지만 마을의 유래는 오래되었음을 알 수 있어요. 장성동과 양덕동은 포항제철소가 들어서면서 효자동과 지곡동이 개발 되었듯이 영일만신항과 영일만산업단지가 조성되면서 그 배후단지로서 발전을 거듭하였어요. 지금은 포항의 새로운 도심이 되었지요.

모두 사라진 물줄기와 포항운하의 탄생

2009년 포항 시가지 모습이에요. 옛날 논이었던 섬 안쪽 마을들이 완전히 개발된 모습이에요. 아래쪽 형산강 물줄기가 해도동과 포항제철 사이로 흘러 바다로 가고 있어요. 근래 개발되어서인지 섬 안쪽의 도로들이 거미줄처럼 아주 규칙적으로 연결되었네요. 송도동은 이전 지도에서는 섬으로 나타났는데 이제는 섬 안쪽과 완전히 붙어 하나가 되었네요. 그리고 형산강에서 송도동과 해도동을 지나 동빈내항으로 흐르던 작은 물줄기는 사라졌네요. 사실 이 물줄기는 형산

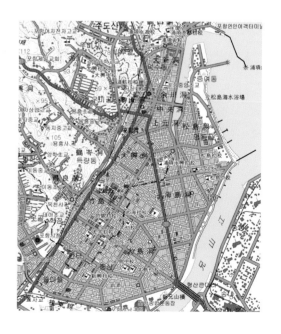

2013년 개통된 포항운하의 모습
옛날 형산강이 동빈내항으로 흐르던 물길이다. 운하 너머로 송도가 보인다. 출처: 포항운하관 포토갤러리

강의 본류가 바뀌면서 물이 유입되지 않아 오염이 가속화되었지요. 그래서 이곳을 매립하여 주거단지로 만들면서 사라졌죠. 2013년에 이곳을 다시 뚫어 동빈내항과 연결한 포항운하가 개통되었어요. 원래 포항의 물길을 복구한 것이죠. 이제 경주 쪽에서 흘러들어오는 형산강의 지류들은 모두 보이지 않는군요. 바다 쪽과 연결된 동빈내항만이 그 옛날 포항의 물줄기들이 흘렀던 자취를 보여주고 있네요.

2013년 개통된 포항운하의 모습 저 멀리 포항제철소가 보인다.

100년 후의 포항

위의 지도가 나온 2009년은 시 승격 60주년이 되던 뜻깊은 해였어요. 지금은 2020년이니까 시로 승격된 지 71년이 되네요. 작년 11월 4일 포항문화원에서 '시 승격 70주년'을 제목으로 한시백일장이 열렸어요. 장원을 한 멋진 시* 한 편 감상해볼까요.

---

* 이 한시는 2019년 11월 4일 포항문화원에서 열린 전국한시백일장대회에서 〈시 승격 70주년〉이란 제목으로 장원을 거둔 이창경李昌京 선생님께서 지은 것이다.

시로 승격된 것이 칠십년을 공손히 하례함이 먼저이니 　昇市七旬恭賀先

큰 도시 포항의 형세가 전보다 더하도다 　雄都浦項勢加前

길가에는 하늘을 떠받치는 집들이 빽빽이 섰고 　路邊密立撑天屋

항구에는 바다에 운행하는 배가 많이 머물러 있네 　港口多留運海船

경기를 부양시킬 좋은 계책을 내어서 　景氣浮揚良計出

고용을 확대시킨 큰 공을 베풀었네 　雇傭擴大緯功宣

공단에서 쇠를 제련하는 번창함 속에 　工團製鐵繁昌裏

경제가 쉬지 않고 발전함이 온전하리라 　經濟無休發展全

영일만신항 전경 출처: 포항시청 문화관광 관광사진전

우리 포항의 발전상을 멋지게 노래한 시에요. 실로 포항이 걸어온 길은 그 자체로 기적에 가까운 일이었지요. 사람들은 이를 영일만의 기적이라고 하죠. 영일군 북면에 속한 일개 황량한 마을이 포항창이 설립된 지 289년 만에 거둔 놀라운 성취였지요. 도시의 발전은 이렇게 긴 시간이 필요하답니다. 포항이 더욱 위대한 것은 현재의 발전에 안주하지 않고 미래를 향해 계속 나아가고 있다는 것이에요. 2010년대 들어서는 포항운하 개통, KTX역사 개통, 영일만신항 개항과 영일만산업단지조성, 관광특구지정 등이 이뤄졌어요. 다가오는 2020년대에는 영일만대교 건설, 영일대해수욕장의 해상케이블카 건설 등 굵직한 사업들이 또 진행되고 있답니다. 포항이 이를 토대로 포항제철신화에 이은 제2의 도약을 이룰 것이라는 것을 의심치 않아요. 100년 후의 포항은 또 어떤 모습일까요?

포항 토박이인 필자는 어릴 적에 포항에 대한 자부심이 없었다. 어쩌면 필자뿐만 아니라 포항에서 어린 시절을 보낸 세대라면 이렇게 생각했을지도 모르겠다. 삭막한 도시풍경, 포항제철의 굴뚝연기, 전무한 문화시설 등 그 시절 포항은 개발에 급급했을 뿐 어느 하나 자랑스럽게 내세울 것이 없는 그런 도시였다. 친구들은 고등학교를 졸업하고 서울로 대구로 공부하러 일하러 떠나갔다. 필자 역시 고등학교를 마치고 외지로 공부하러 떠났다. 외지에서 자리를 잡았더라면 포항으로 돌아올 기회는 없었을 것이고, 포항이 어떤 도시인지에 대해서도 관심을 가지지 않았을 것이다.

우리는 공기를 마시면서도 그 존재를 느끼지 못한다. 마찬가지로 우리는 포항에 살면서 그 역사와 문화의 결을 느끼지 못한 채 살아간다. 예전에 소티재에 대해서 조사를 하다가 소티재가 '소가 뛴 고개'라는 말을 듣고 상당히 흥미롭게 생각한 적이 있었다. 이것이 계기가 되어 포항의 역사에 관심이 생겨 이 책을 쓰게 되었다. 향토자료를 하나둘씩 탐독할 때마다 포항 토박이임에도 정작 내가 살아온 포항에 대해서 무지한 것에 큰 부끄러움을 느꼈다. 필자조차 이럴진대 우리의 어린 세대는 포항이 지나온 역사에 대해서 더더욱 알지 못할 것이라고 생각했다.

이 글을 쓰고 있는 지금, 필자는 어릴 적 포항에 대해서 갖지 못한 자부심이 생겼다. 이 도시가 얼마나 위대하고 역동적인 도시인지를 새삼느꼈다. 포항창浦項倉이 이 땅에 세워진 지 289년. 포항은 발전을 멈춘 적이 없었다. 필자는 포항의 위대함이 바로 여기에 있다고 생각한다. 멈추지 않고 나아가는 것은 늘 위대함을 잉태하기 때문이다. 이 땅에 살다간 수많은 사람들의 노고로 현재의 포항이 있고 현재의 우리가 있다. 포항이 더욱 위대한 것은 여기에 안주하지 않고 더 나은 미래를 꿈꾼다는 것이다. 이 책을 통해서 우리의 어린 세대들이 포항이 지나온 위대한 여정을 되새겨보고, 우리가 사는 포항에 대해서 큰 자부심을 가졌으면 하는 바람이다. 그렇다면 필자로서는 더할 나위없는 기쁨일 것이다.

이 책의 출간에는 우리 지역 향토사학자분들의 선행연구에 힘입은 바 컸다. 박일천 선생님의 《일월향지》, 배용일 선생님의 《포항 역사의 탐구》, 박창원 선생님의 《동해안 민속을 기록하다》 등의 저술이 없었더라면, 이 책은 세상에 나오기 어려웠을 것이다. 일생을 지역연구에 매진하신 향토사학자분들께 진심으로 경의를 표한다. 또 포항인문학회 회장님이신 박홍기 박사님께서 필자의 무리한 요구에도 기꺼이 서문을 써주셨고, 포항문화원 안수경 국장님께서는 부족한 원고를 꼼꼼히 감수해주셨다. 두 분의 지지와 응원은 본서를 집필하는 과정에서 천군만마와도 같은 큰 도움이 되었다. 이에 큰 감사를 드린다. 마지막으로 상업성이 없는 책임에도 필자의 열정 하나만 보시고 출간을 흔쾌히 승낙해주신 도서출판 학고방의 하운근 사장님께도 큰 감사를 올린다.

소티재에서
권용호

참고문헌

《국역신증동국여지승람》, 재단법인 민족문화추진회, 1982년 1월

《국역조선환여승람》, 이병연 저, 권태한 역, 포항문화원, 1999년

《국역읍지》, 권태한 · 방진우 · 백낙구 역, 포항문화원, 2003년

《그때 그 시절》, 포항문화원 · 경상북도문화원연합회, 2018년 2월

《대동지지》, 김정호 저, 한양대학교부설 국학연구소, 아세아문화사, 1976년 8월

《동해안 민속을 기록하다》, 박창원 저, 민속원, 2017년 8월

《문화도시, 인문예술과 공간을 만나다!》, 김춘식 외 공저, 느티숲, 2016년 12월

《영일군사》, 영일군사편찬위원회, 한진종합인쇄사, 1990년 11월

《이야기 보고寶庫 포항》, 포항시, 복음씨링인쇄사, 2016년.

《일월향지》, 박일천, 1967년 3월

《포항마을의 유래와 전설》, 포항문화원, 2002년 9월

《포항시사》, 포항시사편찬위원회, 2010년 4월

《포항시 초기 도시 형성에 포항창 · 포항진이 미친 영향에 관한 연구》, 윤은정 저,
한양대학교 석사학위논문, 2001년 12월

《포항의 역사》, 포항지역사회연구소, 2003년 5월.

《포항 역사의 탐구》, 배용일 지음, 포항1대학 사회경제연구소, 2006년 8월

《한국지리지총서》, 한국학문헌연구소 편, 1982년 12월

《한국지명유래집(경상편)》, 국토지리정보원, 2015년 4월

| 지은이 소개 |

권용호

경북 포항 출생. 중국 난징대학교 중문과에서 박사학위를 취득했다. 현재 한동대학교 객원교수로 있으면서 중국 고전문학의 연구와 번역에 힘을 쏟고 있다. 포항 토박이로 서 포항의 역사와 문화에도 큰 관심을 갖고 기고와 저술활동을 하고 있다. 학술원우 수도서 및 세종도서에 네 차례 선정된 바 있다(2001, 2007, 2018, 2020). 지은 책으로는 《아름다운 중국문학》, 《아름다운 중국문학2》, 《중국문학의 탄생》이 있고, 번역한 책으 로는 《중국역대곡률논선》, 《송원희곡사》, 《중국 고대의 잡기》(공역), 《측천무후》, 《그 림으로 보는 중국 연극사》, 《초사》, 《장자내편역주》, 《꿈속 저 먼 곳 - 남당이주사》(공 역), 《송옥집》, 《서경》, 《한비자1, 2, 3》, 《경전석사역주》, 《수서열전1, 2, 3》 등이 있다.

옛 지도로 보는 포항

초판 인쇄 2020년 8월 10일
초판 발행 2020년 8월 20일

지 은 이 | 권용호
펴 낸 이 | 하운근
펴 낸 곳 | 學古房

주   소 | 경기도 고양시 덕양구 통일로 140 삼송테크노밸리 A동 B224
전   화 | (02)353-9908 편집부(02)356-9903
팩   스 | (02)6959-8234
홈페이지 | www.hakgobang.co.kr
전자우편 | hakgobang@naver.com, hakgobang@chol.com
등록번호 | 제311-1994-000001호

ISBN 979-11-6586-094-3 03980

값 : 13,000원

■ 파본은 교환해 드립니다.